家常主食

周 晟 编著

团结出版社

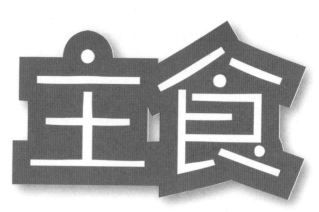

图书在版编目（CIP）数据

家常主食 / 周晟编著 . -- 北京 : 团结出版社，
2014.10（2021.1 重印）
ISBN 978-7-5126-2309-5

Ⅰ . ①家… Ⅱ . ①周… Ⅲ . ①主食－食谱 Ⅳ .
① TS972.13

中国版本图书馆 CIP 数据核字 (2013) 第 302593 号

出　　版：团结出版社
（北京市东城区东皇城根南街 84 号　邮编：100006）
电　　话：（010）65228880　65244790（出版社）
（010）65238766　85113874 65133603（发行部）
（010）65133603（邮购）
网　　址：http://www.tjpress.com
E-mail：65244790@163.com（出版社）
fx65133603@163.com（发行部邮购）
经　　销：全国新华书店
排　　版：腾飞文化
图片提供：邴吉和　黄　勇
印　　刷：三河市天润建兴印务有限公司

开　　本：700 × 1000 毫米　1/16
印　　张：11
印　　数：5000
字　　数：90 千字
版　　次：2014 年 10 月第 1 版
印　　次：2021 年 1 月第 4 次印刷

书　　号：978-7-5126-2309-5
定　　价：45.00 元

前言

您是否也是这样，每天的主食除了蒸白米饭就是煮面条，或者到超市买点馒头、花卷回来。

您是否也是这样，已经厌倦了日复一日的重复，想着香喷喷的肉包子、诱人的各种炒面，而自己却只能兴叹。

或者，您也在尝试改变，只是，眼花缭乱的各种食谱、复杂的烹饪程序让您无从下手。

当今高速发展的社会，分工日益细化，尤其对于饮食，很多人认为没有必要会那么多，只要想吃，到餐馆或超市买回来即可。

然而，目前食品质量问题越来越严重，深爱着家人的您，还敢让您爱的人吃外面的食品吗？尤其是我们每餐的主食。

鉴于此，我们编辑出版了这本《家常主食》，精选了经典的家常养生粥、各种米饭、面点、面条以及各种馅料的包子、饺子和经典的家常点心一共二百四十多种。每种主食均详细地介绍了主料、配料以及操作方法和要领，同时还配以美观的彩色成品图和其营养特色等，更方便您查阅、选择与操作。我们尽量使书的内容更丰富，文字更实用，图片更赏心悦目。只希望呈现给您一本实用的家庭烹饪指导书，帮助您做出一款款健康营养的主食。

前言

您一定希望用自己的厨艺来表达对家人的爱吧！来吧，煮一碗充满浓浓爱意的养生粥，蒸一锅健康美味的主食，或者改变一下日复一日的白米饭和面条，调制出可口诱人的包子或饺子馅料，再为孩子烹制一款可爱又可心的甜点。

在您饱含深情，轻松做出款式多样的各种食物时，那个您爱着的，被美味征服的人，一定会接收到您的情意。

把这本书带回家，让我们在感恩和健康中，一同前行吧。

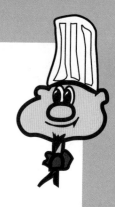

目录

Contents

美味香粥

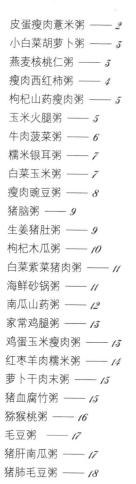

目录

Contents

百变米饭

目录

Contents

家常面点

精美馅类

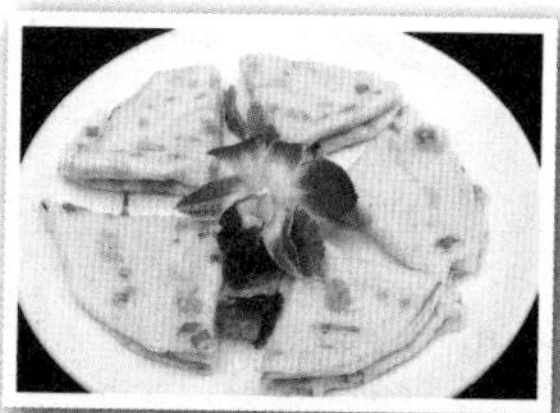

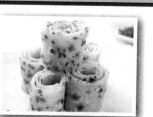

目录

花样面条

Contents

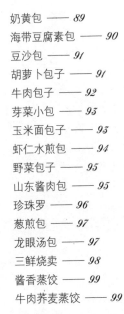

可心甜点

目录

Contents

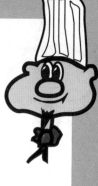

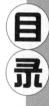

目录

Contents

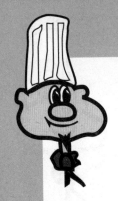

★★★★★

美味香粥

★★★★★

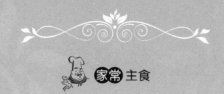

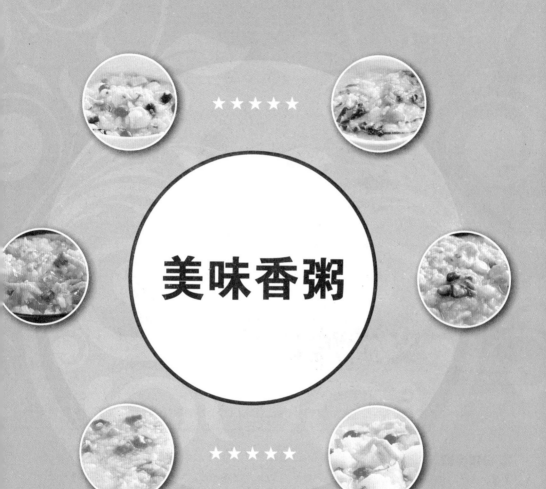

皮蛋瘦肉薏米粥

视觉享受：★★★★★
味觉享受：★★★★★
操作难度：★★★

TIME 20分钟

菜品特点
肉质软烂
鲜香味美

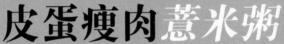

主料： 薏米150克，皮蛋2个，猪瘦肉90克

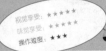

配料： 鸡精、淀粉各3克，料酒3克，香油5克，精盐、葱花、鲜枸杞各适量

操作步骤

①薏米洗净，浸泡30分钟，沥去水后倒入锅中，加入适量水，煮粥。

②猪瘦肉浸泡出血水后洗净，切成肉丝，放入精盐、鸡精、料酒、淀粉，抓拌均匀后腌渍10分钟；皮蛋剥皮切成小丁。

③另用一锅，倒入少量水，煮开后下入肉丝，用筷子拨散，煮至全部颜色变浅，捞出后用温水冲洗去浮沫，沥去水。

④待粥煮得米完全熟透，粥水比较稠后放入肉丝、皮蛋、精盐、鸡精、鲜枸杞，再煮1分钟左右，用勺子不断搅动，放入香油，撒上葱花搅匀即可。

操作要领

瘦肉事先用调料腌渍一下有了咸鲜味，最后再和粥煮，吃起来口感会更好。

营养贴士

皮蛋（松花蛋）较鸭蛋含更多矿物质，脂肪和总热量却稍有下降，它能刺激消化器官，增进食欲，促进营养的消化、吸收，中和胃酸，清凉，降压。此外，皮蛋还有保护血管的作用。

视觉享受：★★★★ 味觉享受：★★★★ 操作难度：★★

小白菜胡萝卜粥

TIME 20分钟

主料： 大米100克，小白菜30克，胡萝卜少许

配料： 精盐、味精、香油各适量

操作步骤

①小白菜洗净切丝；胡萝卜洗净切小块；大米洗净泡发。

②锅置火上，注水后放入大米，用大火煮沸。

③放入胡萝卜、小白菜，用小火煮至粥成，放入精盐、味精，滴入香油即可。

操作要领

大米要泡发30分钟。

营养贴士

小白菜有保持血管弹性、润泽皮肤、延缓衰老、防癌抗癌、通肠利胃的功效。

主料： 燕麦50克，核桃仁30克

配料： 白糖3克，玉米粒、鲜奶各适量

操作步骤

①燕麦泡发洗净。

②锅置火上，倒入鲜奶，放入燕麦。

③加入核桃仁、玉米粒同煮至浓稠状，调入白糖拌匀即可。

操作要领

煲此粥时，一定要将燕麦用清水泡发。

营养贴士

燕麦含有多种酶类，不仅能抑制人体老年斑的形成，而且具有延缓人体细胞衰老的作用，是老年人、心脑病患者的最佳保健食品。

视觉享受：★★★★ 味觉享受：★★★★ 操作难度：★

燕麦核桃仁粥

TIME 20分钟

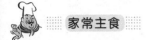

瘦肉西红柿粥

视觉享受：★★★★
味觉享受：★★★★
操作难度：★

TIME 20分钟

菜品特点
肉质软烂 营养丰富

主料： 大米 100 克，猪瘦肉 100 克，西红柿 1 个
配料： 葱花少许

操作步骤

①大米洗净，浸泡 30 分钟；猪瘦肉洗净切条，放在沸水中焯一下捞出；西红柿洗净切块备用。

②锅中放水，放入泡好的大米，大火煮沸，放入猪瘦肉、西红柿，小火煮至粥黏稠，撒上葱花即可。

操作要领

可以根据个人口味加入盐调味。

营养贴士

西红柿性微寒、味甘，有清热解毒、凉血平肝、健胃消食等功效；猪肉性微寒、味甘，有补中益气、生津润肠等功效。

视觉享受：★★★★ 味觉享受：★★★★ 操作难度：★

枸杞山药瘦肉粥

主料： 猪瘦肉120克，山药130克，大米适量

配料： 精盐、鸡精、料酒、淀粉、葱花、鲜枸杞各适量

操作步骤

①大米洗净用水泡60分钟；猪瘦肉浸泡出血水后洗净切块，放入精盐、鸡精、料酒、淀粉，抓拌均匀后腌渍10分钟；山药洗净去皮切块。

②锅中放入泡好的大米和适量清水煮开，放入山药、猪瘦肉、鲜枸杞，小火熬煮至黏稠，撒上葱花即可。

操作要领

在煮粥的过程中，要时不时地顺一个方向搅拌一下，这样煮好的粥会很稠，口感更好。

营养贴士

山药有抗衰老的滋补作用，还有增强细胞免疫功能的功效。

主料： 大米100克，火腿1根，玉米粒30克

配料： 精盐5克，高汤800克

操作步骤

①将大米洗净，放入高汤中泡30分钟；火腿切丁备用。

②大米放进砂锅，用大火烧开，以小火慢慢熬制60分钟。

③加入玉米粒、火腿丁煮5分钟，加精盐即可关火。

操作要领

玉米粒最好选用罐装玉米，这种的比较好煮。

营养贴士

玉米味甘、性平，具有调中开胃、益肺宁心、清湿热、利肝胆、延缓衰老的功效。

视觉享受：★★★★ 味觉享受：★★★★ 操作难度：★

玉米火腿粥

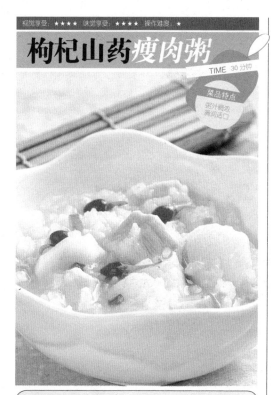

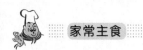

牛肉菠菜粥

视觉享受：★★★★
味觉享受：★★★★
操作难度：★★★

TIME 50分钟

菜品特点
健脾开胃
老少咸宜

主料： 粳米100克，牛肉150克

配料： 菠菜50克，糯米粉40克，淀粉10克，色拉油4克，精盐3克，白砂糖5克，生抽2克，姜丝、大枣各适量

操作步骤

①粳米洗净，浸泡30分钟后沥干水分，加入色拉油、精盐拌匀，待米粒发胀并呈乳白色时，用汤匙压碎。

②牛肉洗净切片，加入糯米粉、淀粉、白砂糖、精盐、生抽拌匀；菠菜洗净，放热水中焯一下，捞出切碎。

③锅内加入适量冷水，加入粳米，用旺火煲20分钟，改用小火熬煮成粥。

④熄火稍焖片刻，然后再煮滚，下菠菜、牛肉、大枣、姜丝搅匀，待牛肉煮熟即离火。

操作要领

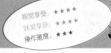

菠菜先用热水焯一下，可去除草酸。

营养贴士

粳米能提高人体免疫功能、促进血液循环，从而减少犯高血压的机会，还能预防糖尿病、脚气病、老年斑和便秘等疾病。

视觉享受：★★★ 味觉享受：★★★★ 操作难度：★

糯米银耳粥

TIME 20分钟

菜品特点

营养丰富 制作简单

主料： 银耳15克，糯米60克

配料： 冰糖30克，玉米粒、葱花各适量

操作步骤

①将银耳用清水泡发，去杂洗净，撕成小朵；糯米淘洗干净；冰糖捣成末备用。

②锅内加水，放入糯米煮粥，八成熟时加入银耳、冰糖末、玉米粒，煮至粥熟，撒上葱花即成。

操作要领

银耳要提前泡发。

营养贴士

银耳有益气和血、强心补脑、滋阴降火的功效；糯米有补中益气、健脾养胃、止虚汗的功效。

视觉享受：★★★★ 味觉享受：★★★★ 操作难度：★

白菜玉米粥

TIME 30分钟

菜品特点

味道鲜美 营养开胃

主料： 白菜丝5克，玉米碴、玉米面各适量

配料： 色拉油适量

操作步骤

①玉米碴洗净放入沸水中，添加几滴色拉油，大火煮开，转小火煮至玉米碴八成熟。

②玉米面放入小碗中（喜欢浓稠的可以加多些），逐渐加入水搅拌成稀糊状。

③将调好的玉米面糊加入煮至八成熟的玉米碴中，放入白菜丝，同样大火煮开转小火煮至完全熟即可。

操作要领

玉米面要用温水搅拌。

营养贴士

玉米具有调中开胃、益肺宁心、清湿热、利肝胆、延缓衰老的功效。

瘦肉豌豆粥

TIME 60分钟

视觉享受：★★★★
味觉享受：★★★★
操作难度：★★

菜品特点
口感润滑
营养丰富

主料： 粳米150克，瘦肉25克，豌豆50克

配料： 精盐、鸡精、料酒、淀粉、葱花各适量

操作步骤

①将粳米淘洗干净，用冷水浸泡30分钟；瘦肉浸泡出血水后洗净切块，放入精盐、鸡精、料酒、淀粉，抓拌均匀后腌10分钟。

②锅中加入适量冷水，放入粳米，用旺火烧沸，转小火熬煮45分钟。

③放入瘦肉、豌豆、精盐和鸡精搅拌均匀，小火煮至粥黏稠，撒上葱花即可。

操作要领

粳米要先浸泡30分钟。

营养贴士

豌豆味甘、性平，具有益中气、止泻痢、调营卫、利小便、消痈肿、解乳石毒的功效。

视觉享受：★★★　味觉享受：★★★★　操作难度：★

猪脑粥

TIME　40分钟

菜品特点

质地嫩口
养生保健

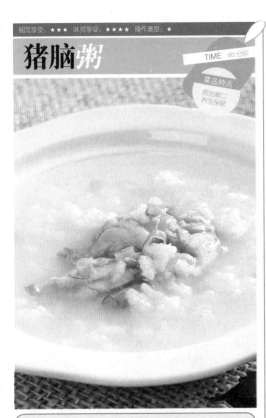

主料： 大米100克，猪脑1副

配料： 葱花、姜末、精盐、味精、绍酒各少许

操作步骤

①大米淘洗干净，放入清水中浸泡60分钟；将猪脑放入清水中浸泡片刻，处理干净，放入沸水中焯一下，捞出放入锅中，加入葱花、姜末、绍酒，上笼蒸熟。

②锅置火上，放入适量清水烧开，先放入大米和蒸猪脑的原汤熬煮，待粥将成时放入猪脑、精盐、味精，并用勺子将猪脑捣散，待再次煮滚后，撒上葱花即可。

操作要领

购买猪脑时，一定要选新鲜的。

营养贴士

此粥具有补益肝肾、利智明目、养肌润肤的功效。

主料： 猪肚1个，大米适量

配料： 味精2克，姜5克，精盐、醋、香油、白胡椒粉、葱各适量

操作步骤

①猪肚洗净煮熟，切片；大米洗净，浸泡30分钟；葱一部分切末，一部分切成葱花；姜切末。

②锅置火上，加适量水，放入泡好的大米煮至黏稠盛出。

③锅烧热，放入香油，放入猪肚煸炒，放葱末、姜末，加醋、精盐、白胡椒粉炒入味，加味精调味，出锅放入煮好的粥中，撒上姜末、葱花即可。

操作要领

煮粥前，大米要提前浸泡30分钟。

营养贴士

猪肚富含蛋白质，有补虚损、健脾胃的功效；姜具有降逆止呕、化痰止咳、散寒解表的功效。

视觉享受：★★★　味觉享受：★★★★　操作难度：★★

生姜猪肚粥

TIME　30分钟

菜品特点

色泽亮丽
咸鲜适口

枸杞木瓜粥

TIME 20分钟

视觉享受：★★★★
味觉享受：★★★★
操作难度：★

菜品特点
制作简单
清香爽口

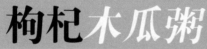

主料： 大米100克，木瓜120克
配料： 冰糖20克，枸杞10克，葱花适量

操作步骤

①木瓜洗净，切成块；大米洗净浸泡30分钟。
②锅置火上，加适量水，放入大米，旺火煮沸。
③加入木瓜、枸杞和冰糖，小火煮至黏稠，撒上葱花即可。

操作要领

加一点儿冰糖，味道更好。

营养贴士

木瓜性平、微寒，味甘，有助消化、消暑解渴、润肺止咳的功效。

视觉享受：★★★★ 味觉享受：★★★★ 操作难度：★★★

白菜紫菜猪肉粥

TIME 30分钟

菜品特点

口感润滑 滋补养生

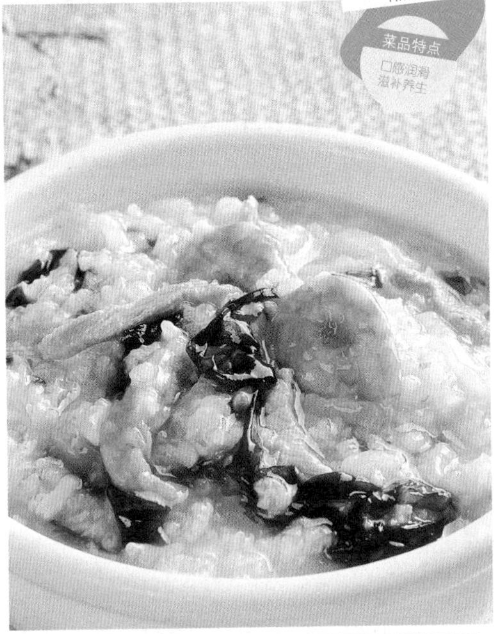

主料： 粳米200克，白菜、紫菜各100克，猪瘦肉50克

配料： 虾仁40克，精盐、味精、色拉油各适量

操作步骤

①粳米洗净，用冷水浸泡好，放入锅中；白菜洗净，切成细丝；紫菜泡发洗净，切成细丝；猪肉洗净切成细条。

②锅内加入适量冷水，放入粳米，用旺火煮沸，改用小火慢煮。

③炒锅烧热，倒入色拉油，油烧热后放入猪肉条、白菜丝、紫菜丝翻炒，加精盐、味精调味。

④待粳米烂熟时，将猪肉条、白菜丝、紫菜丝、虾仁一起放入粥内，烧沸即可。

操作要领

紫菜应提前泡发。

营养贴士

此粥具有清热解毒、润肺化痰、软坚散结、降压的功效。

主料： 螃蟹300克，海虾250克，大米300克

配料： 姜50克，香葱2根，胡椒粉、精盐各5克

操作步骤

①螃蟹洗净去掉肺、心脏和背壳后切成小块；海虾洗净，但不用去头和虾壳；香葱切花；姜切成末备用。

②将大米淘洗完后放入砂锅中，米与水的比例为1:4，大火煮开砂锅内的粥。

③煮开后调至中火，再煮10分钟，放入螃蟹块、海虾、姜末。

④待粥再次煮开后，调入精盐，小火慢熬40分钟，撒入香葱花、胡椒粉即可。

操作要领

虾处理时不去壳，可使煮出来的虾保留更多的鲜味。

营养贴士

螃蟹含有丰富的蛋白质及微量元素，对身体有很好的滋补作用。

视觉享受：★★★ 味觉享受：★★★★ 操作难度：★★★

海鲜砂锅粥

TIME 60分钟

菜品特点

鲜味十足 细滑可口

南瓜山药粥

TIME 20分钟

视觉享受：★★★★
味觉享受：★★★★★
操作难度：★

菜品特点
香甜粘糯
制作简单

主料： 粳米 100 克，南瓜、山药各 50 克

配料： 精盐适量

操作步骤

①将南瓜洗净后去皮、去瓤，切成块；山药洗净去皮，切块。

②锅中加适量清水，倒入粳米后用武火煮沸，然后放入南瓜块、山药块，改文火继续煮至食材熟烂，加适量精盐调味即可。

操作要领

煮粥过程中要适当搅动，以防粘底。

营养贴士

南瓜所含果胶可以保护胃肠道黏膜，加强胃肠蠕动，帮助食物消化；山药含有多种营养素，具有健脾补肺、聪耳明目、助消化、强筋骨的功效。

视觉享受：★★★ 味觉享受：★★★★★ 操作难度：★★

家常鸡腿粥

TIME 30分钟

主料： 大米80克，鸡腿肉200克

配料： 料酒5克，精盐3克，胡椒粉2克，葱花3克

操作步骤

①大米淘净，浸泡30分钟；鸡腿肉洗干净，切成小块，用料酒腌渍片刻。

②锅中加入适量清水，放入大米，用旺火煮沸，放入腌好的鸡腿肉，中火熬煮至米粒软散。

③改小火，待粥熬出香味时，加精盐、胡椒粉调味，放入葱花即可。

操作要领

在烧煮之前，应将鸡腿用叉子插洞，这样容易熟透，也比较容易入味。

营养贴士

此粥具有解毒强体、帮助生长发育等功效。

主料： 玉米粒100克，大米200克，猪瘦肉50克，煮熟的鸡蛋2个

配料： 淀粉、绍酒、味精、精盐、鸡粉、葱花各适量

操作步骤

①玉米粒淘洗干净；大米洗净，浸泡30分钟；猪瘦肉切片，加入淀粉、绍酒、味精腌渍15分钟；煮熟的鸡蛋掰开备用。

②将大米、玉米粒放入锅中，加适量清水，用旺火烧沸，转小火，盖上锅盖，慢煮60分钟。

③放入腌好的猪肉和掰开的鸡蛋煮制，加精盐、鸡粉调好口味，撒上葱花即可。

操作要领

煮粥时，锅盖留一道缝，不要盖严。

营养贴士

玉米具有保护视力、防癌抗癌、调节血糖的功效。

视觉享受：★★★ 味觉享受：★★★★ 操作难度：★★

鸡蛋玉米瘦肉粥

TIME 70分钟

红枣羊肉糯米粥

TIME 30分钟

视觉享受：★★★★★
味觉享受：★★★★★
操作难度：★

菜品特点
黏糯香甜
美味养生

主料： 糯米150克，红枣25克，羊肉50克
配料： 姜末5克，精盐、味精各2克，葱花适量

操作步骤

①红枣洗净，去核备用；羊肉洗净，切片，用开水汆烫，捞出；糯米淘净，泡好。

②锅中加适量清水，放入糯米，大火煮开，放入羊肉、红枣、姜末，转小火熬煮，待粥熬出香味，加精盐、味精调味，撒入葱花即可。

操作要领

此粥要用小火慢慢熬熟。

营养贴士

本粥具有养血补肾、增强皮肤的御寒能力、消除黑眼圈、改善手足皮肤血液循环、防治冻疮、减少雀斑的功效。

视觉享受：★★★★★ 味觉享受：★★★★★ 操作难度：★

萝卜干肉末粥

TIME 20分钟

菜品特点

营养丰富 口感独特

主料： 大米50克，萝卜干60克，瘦猪肉30克

配料： 精盐5克，味精2克，葱花适量

操作步骤

①大米淘洗干净；瘦猪肉切小粒；萝卜干洗净切条。

②锅中注水，放入大米、萝卜干、猪肉末，煮至成粥。

③调入精盐、味精，撒上葱花即可。

操作要领

萝卜干一定要与大米同时放入，不然难以煮透。

营养贴士

萝卜干具有降血脂、降血压、消炎、开胃、清热生津、防暑、消油腻、破气、化痰、止咳等功效。

视觉享受：★★★ 味觉享受：★★★★ 操作难度：★★

猪血腐竹粥

TIME 45分钟

菜品特点

色泽鲜艳 质软香甜

主料： 大米50克，糯米25克，猪血1块，腐竹1根

配料： 贝丁、精盐、麻油、胡椒粉、葱花各适量

操作步骤

①腐竹浸泡洗净，切长条，放开水中汆烫一下；猪血切小块，放开水中汆烫，然后放入清水中浸泡；贝丁清洗干净。

②大米和糯米按2:1比例混合，淘洗干净后，放入砂锅中，加清水，放入少许精盐和麻油，浸泡60分钟，然后开火煮粥。

③等锅中米粥烧开后，将控干水的腐竹放入砂锅中，转小火慢慢熬煮到黏稠软糯，放入猪血块，最后放入贝丁，小火熬煮5分钟后关火，加入少许胡椒粉和葱花即可。

操作要领

腐竹用开水汆烫，可去除腐竹的豆腥味。

营养贴士

此粥具有补中益气、健脾养胃、聪耳明目等功效。

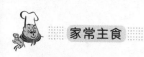

猕猴桃粥

TIME 50分钟

视觉享受：★★★★★
味觉享受：★★★★★
操作难度：★★

菜品特点
简单易做
营养丰富

主料： 大米60克，猕猴桃50克

配料： 白糖45克，樱桃少许

操作步骤

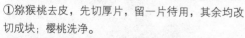

①猕猴桃去皮，先切厚片，留一片待用，其余均改切成块；樱桃洗净。

②锅中加入约1000克清水烧开，将洗净的大米倒入锅中搅拌均匀，盖上锅盖，转小火煮约30分钟，至大米熟软。

③打开锅盖，放入猕猴桃块、白糖，搅拌均匀，煮至沸腾，出锅盛入碗中，用一片带皮的猕猴桃和樱桃点缀即可。

操作要领

要选用新鲜的猕猴桃。

营养贴士

猕猴桃含有丰富的维生素C，可强化免疫系统、促进伤口愈合；猕猴桃所富含的肌醇及氨基酸，可补充脑力所消耗的营养。

视觉享受：★★★　味觉享受：★★★★　操作难度：★★

毛豆粥

TIME 30分钟

菜品特点：粥甜味美　黏糯适口

主料： 毛豆30克，大米适量

配料： 精盐1克，高汤适量

操作步骤

①将大米淘洗干净，用冷水浸泡2～3小时，捞出沥干。

②将大米放入锅中，加入高汤和适量冷水，先用旺火烧沸，然后转小火煮至烂。

③煮粥的同时将毛豆仁取出洗净，放入另一锅内，加入适量冷水，煮熟备用。

④粥熬好时放入熟毛豆仁，加精盐调好味即可。

操作要领

大米浸泡时，可放少许香油，这样可使煮出来的大米绵烂。

营养贴士

毛豆味甘、性平，具有健脾宽中、润燥消水、清热解毒、益气的功效。

主料： 猪肝80克，南瓜250克，泰国香米65克

配料： 鸡粉、食盐、葱花各适量

操作步骤

①泰国香米浸泡2小时左右；猪肝洗净，用清水浸泡3小时左右捞出，用刀切块；南瓜洗净切块。

②将浸泡好的米放入砂锅中，一次性加足适量的清水煮至黏稠，放入猪肝、南瓜块，待猪肝、南瓜熟透，放入鸡粉、食盐，煮滚关火盛出，撒上葱花即可。

操作要领

猪肝要用清水浸泡，直至没有血水。

营养贴士

此粥具有养肝、明目、健脾、补气等功效。

视觉享受：★★★★　味觉享受：★★★★★　操作难度：★

猪肝南瓜粥

TIME 40分钟

菜品特点：咸鲜适口　营养美味

猪肺毛豆粥

视觉享受：★★★★★
味觉享受：★★★★★
操作难度：★

TIME 30分钟

菜品特点
色泽鲜艳
营养美味

主料： 猪肺500克，大米100克，毛豆50克

配料： 黄酒10克，姜丝3克，精盐2克，味精1克，胡萝卜适量

操作步骤

①将猪肺洗净，放入锅中，加适量水，放入黄酒，煮至七成熟，捞出切块；大米淘洗干净，浸泡一段时间；毛豆仁取出洗净，放入锅中，加适量冷水煮熟；胡萝卜洗净切块。

②猪肺、大米、胡萝卜一起入锅内，并放入姜丝、精盐、味精，先置急火上烧沸，然后改文火煨炖，米熟后放入煮熟的毛豆仁即可。

操作要领

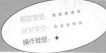

煮粥前，大米要提前浸泡。

营养贴士

猪肺是补肺佳品，主要作用是清热润肺，对阴虚肺热所致的慢性支气管炎效果不错。

视觉享受：★★★　味觉享受：★★★★　操作难度：★

山药芝麻小米粥

TIME　30分钟

菜品特点：淡雅香甜　营养味美

主料： 小米100克，山药50克，黑芝麻10克

配料： 葱花少许

操作步骤

①山药洗净切块；小米洗净后用清水浸泡20分钟。

②锅中放入清水、小米，煮10分钟，放入山药和黑芝麻，煮至山药熟透，撒上葱花即可。

操作要领

等小米熬到八分熟时再放山药和黑芝麻。

营养贴士

黑芝麻具有延缓细胞衰老、美容、增加头发光泽度、保护视力的功效；山药具有健脾补肺、聪耳明目、助消化、强筋骨的功效。

主料： 松仁10克，去衣核桃30克，泰国香米25克

配料： 味椒盐、鸡粉各适量

操作步骤

①将泰国香米洗净，用清水浸泡60分钟，放入砂锅中，倒入适量的清水，盖上锅盖，大火煮滚，揭盖，将泡沫捞起倒掉。

②放入洗净的松仁和核桃，盖上锅盖，大火煮滚，揭盖，煮至米黏稠。

③放入适量的味椒盐、鸡粉拌匀，煮滚，盖上锅盖，关火，利用砂锅余温继续焖煮5分钟即可。

操作要领

松仁和核桃仁要仔细挑选，太黑的或有褶皱的都不要选。

营养贴士

核桃和松仁均富含维生素E和锌，有利于滋润皮肤、延缓皮肤衰老，是美容、美发的佳品。

视觉享受：★★★★　味觉享受：★★★★★　操作难度：★★

松仁核桃粥

TIME　30分钟

菜品特点：操作简单　营养可口

冬瓜银杏粥

TIME 20分钟

视觉享受：★★★★
味觉享受：★★★★
操作难度：★

菜品特点
清新爽口
营养丰富

主料： 冬瓜200克，银杏、大米各适量
配料： 生姜、葱花各适量

操作步骤

①冬瓜去瓤洗净，切成小方块；生姜切末。

②大米淘洗干净，与冬瓜块一同放入锅中，加水，用武火煮沸，放入银杏、姜末，转文火慢煮，至瓜烂、米熟、粥稠，撒上葱花即可。

操作要领

可以根据自己喜好，将粥调成甜的或咸的。

营养贴士

冬瓜性寒、味甘，有清热解暑、利尿、去火等保健功效。

视觉享受：★★★★★ 味觉享受：★★★★★ 操作难度：★★

木耳红枣枸杞粥

TIME 50分钟

主料： 粳米 100 克

配料： 干黑木耳 15 克，干红枣 8 克，冰糖 10 克，枸杞、葱花各适量

操作步骤

①粳米淘洗干净，用冷水浸泡 30 分钟，捞出，沥干水分；干黑木耳放冷水中泡发，择去蒂，除去杂质，撕成瓣状；干红枣洗净，去核，备用。

②锅中加入适量冷水，放入粳米，用旺火烧沸，下入黑木耳、红枣、枸杞，改用小火熬煮约 45 分钟。

③待黑木耳和红枣熟烂、粳米成粥后，加入冰糖调好味，再稍焖片刻，撒上葱花即可。

操作要领

煮粥前，粳米要提前浸泡 30 分钟。

营养贴士

黑木耳性平、味甘，能凉血止血、清肺益气；红枣补脾胃虚弱，治血虚萎黄、血小板缺少症等。两者配合，能调理气血、滋阴润肺、清热解暑。

主料： 大米 60 克

配料： 尖辣椒 15 克，生姜 6 克，葱花适量

操作步骤

①将尖辣椒洗净，切成小段，去籽；生姜洗净切丝；大米淘洗干净，放清水中浸泡 30 分钟。

②锅内加适量水，放入大米、辣椒段、生姜丝同煮粥，熟后撒上葱花即成。

操作要领

大米淘洗干净后，最好先用清水浸泡一段时间。

营养贴士

辣椒性热、味辛，有温中散寒、开胃消食、祛湿通络等功效，可用于治疗痢疾、水泻、胃脘冷痛、风湿痛等病症。

视觉享受：★★★★ 味觉享受：★★★★ 操作难度：★

生姜辣椒粥

TIME 20分钟

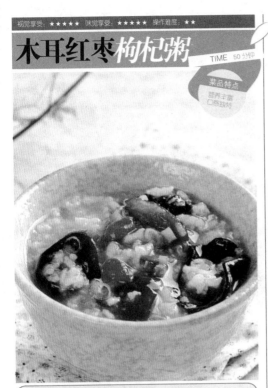

海参鸡心红枣粥

视觉享受：★★★★★
味觉享受：★★★★★
操作难度：★★

TIME 25分钟

菜品特点
咸鲜美味
营养健康

主料： 大米200克，鸡心150克，发泡好的海参适量

配料： 色拉油5克，姜片、姜丝、白胡椒粉、精盐、红枣、葱花各适量

操作步骤

①鸡心用冰水浸泡60分钟，清洗干净，去掉外层的脂肪，加入姜片、适量冷水，煮滚，捞出过清水；红枣切开；将发泡好的海参放沸水中焯一下备用。

②大米加足清水和5克色拉油，煮到软糯，加入处理好的鸡心、姜丝、海参、红枣，大火煮15分钟，加白胡椒粉、精盐调味，撒上葱花即可。

操作要领

煮粥时，一定要把鸡心外层的脂肪去掉，不然会造成人体胆固醇升高，影响健康。

营养贴士

此粥具有良好的健脾养胃消食的效果，能有效缓解消化不良、腹胀烦闷等身体的不适症状。

视觉享受：★★★★★ 味觉享受：★★★★★ 操作难度：★★

板栗花生猪腰粥

TIME 30分钟

菜品特点：养生保健 营养美味

主料： 板栗90克，糯米100克，猪腰80克，花生仁适量

配料： 生姜10克，食盐少许，葱花适量

操作步骤

①糯米淘洗干净，浸泡60分钟，然后放入去皮的板栗，加拍碎的生姜拌匀；猪腰洗净，去腰臊，切花刀。

②锅中放入适量冷水，将混合好的糯米放入锅中烧开，放入花生仁，待米将熟时放入猪腰。

③待猪腰变熟时，加少许食盐调味，最后撒上葱花即可。

操作要领

为了去除猪腰的味道，切花刀后，可再用清水漂洗一遍。

营养贴士

此粥可补肾益气、强腰膝、厚肠胃，适用于春季脾虚腹泻、肾虚痛、腿脚无力等症。

主料： 大米50克，猪肝100克，菠菜20克

配料： 葱姜水、料酒、食盐各适量

操作步骤

①将大米淘洗干净备用；猪肝洗净切片，用葱姜水、料酒、食盐腌渍约15分钟；菠菜洗净，放开水锅中焯熟。

②锅中放入适量清水烧开，放入大米煮沸，转小火熬成粥，放入猪肝、菠菜，待其变色即可。

操作要领

选购菠菜，叶子应厚，伸张得很好，且叶面要宽，叶柄则要短。如叶部有变色现象，要予以剔除。

营养贴士

菠菜中所含微量元素物质，能促进人体新陈代谢、增进身体健康。多食用菠菜，可降低中风的危险。

视觉享受：★★★★ 味觉享受：★★★★ 操作难度：★

菠菜猪肝粥

TIME 60分钟

菜品特点：补铁壮骨 强身健体

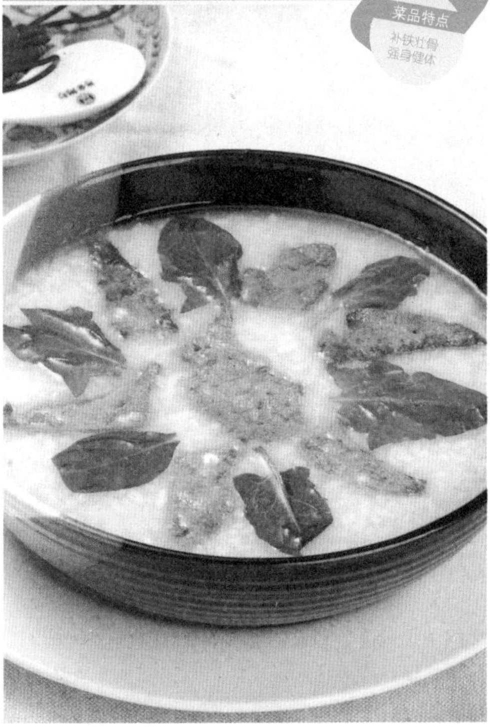

木瓜百合粥

TIME 30分钟

视觉享受：★★★★
味觉享受：★★★★
操作难度：★

菜品特点
口味淡甜
又有糯香

主料： 糯米、木瓜、百合各适量
配料： 冰糖适量

操作步骤

①糯米先发泡 2 小时；木瓜去皮切块；百合洗净。

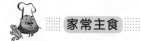

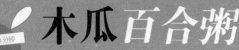

②锅中放入适量的水，加入糯米、百合，小火慢慢地煲，锅开以后加入木瓜块，临出锅加冰糖调味即可。

操作要领

此粥一定要用小火煲。

营养贴士

木瓜性平、微寒，味甘，具有助消化、消暑解渴、润肺止咳等功效；百合具有养心安神、润肺止咳、美容养颜等功效。

视觉享受：★★★★ 味觉享受：★★★★★ 操作难度：★★

玉米鸡蛋猪肉粥

TIME 80分钟

菜品特点：营养开胃 简单易做

主料： 玉米碴100克，猪瘦肉100克，鸡蛋65克

配料： 淀粉2克，味精、精盐各1克，鸡粉3克，料酒3克，葱花适量

操作步骤

①猪瘦肉切片，加入淀粉、料酒、味精、精盐腌渍15分钟；鸡蛋打入碗中，用筷子搅匀备用。

②玉米碴淘洗干净，放入锅中，加冷水，旺火烧沸，转小火慢煮60分钟。

③将腌渍好的肉片放入玉米粥内，煮5分钟，淋入鸡蛋液，加入精盐、鸡粉调味，撒上葱花即可。

操作要领

煮的时候放一点儿食用碱面，有助于粥更软烂。

营养贴士

此粥具有益肺宁心、健脾开胃、防癌、降胆固醇、健脑、补肾养血、滋阴润燥等功效。

主料： 大米150克，猪肉100克，鸡肝90克

配料： 胡椒粉少许，精盐、鸡精、料酒、淀粉、葱花各适量

操作步骤

①大米洗净浸泡60分钟；鸡肝处理干净，切斜刀厚片，焯水烫透备用；猪肉洗净切丁，放入精盐、鸡精、料酒、淀粉，抓拌均匀后腌10分钟。

②锅中放入大米，放适量清水煮开，加入鸡肝、猪肉丁和胡椒粉，小火煮至黏稠，撒上葱花即可。

操作要领

此粥不宜久煮，以免影响鸡肝质量。

营养贴士

鸡肝含有丰富的蛋白质、钙、磷、铁、锌、维生素A、B族维生素，是补血食品中最常用的食物。

视觉享受：★★★★★ 味觉享受：★★★★★ 操作难度：★

猪肉鸡肝粥

TIME 30分钟

菜品特点：软嫩鲜香 营养丰富

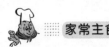

枸杞牛肉莲子粥

视觉享受：★★★★★
味觉享受：★★★★★
操作难度：★

TIME 60分钟

菜品特点
色泽淡雅
营养丰富

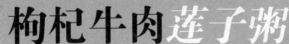

主料： 大米60克，牛肉50克，莲子（去心）20克

配料： 姜丝、黄酒、胡椒粉、鲜枸杞、葱花各适量

操作步骤

①将莲子、枸杞洗净；大米洗净，在水中泡一会儿；牛肉切块，拌入姜丝、黄酒、胡椒粉腌30分钟。

②莲子与大米加600克的水，小火煮40分钟，加入牛肉、枸杞熬至黏稠，撒上葱花即可。

操作要领

待米煮成粥后再加牛肉和枸杞。

营养贴士

此粥适用于脾虚食少、便溏、乏力、肾虚、尿频、遗精、心虚失眠、健忘、心悸等症，对病后体弱者有良好的作用。

视觉享受：★★★★★ 味觉享受：★★★★★ 操作难度：★

猪腰香菇粥

TIME 30分钟

主料： 大米80克，猪腰100克，水发香菇50克

配料： 精盐3克，鸡精1克，葱花少许

操作步骤

①香菇洗净对切；猪腰洗净，去腰臊，切花刀；大米淘净，浸泡30分钟后捞出沥干水分。

②锅中注水，放入大米以旺火煮沸，再下入香菇，熬煮至将成时，下入猪腰，待猪腰变熟，调入精盐、鸡精搅匀，撒上葱花即可。

操作要领

猪腰切花刀之后，如果还有味道，可再用清水漂洗一遍。

营养贴士

本粥具有滋补肾虚、强身健体等功效。

主料： 小米100克，南瓜300克，发泡好的海参适量

配料： 枸杞、精盐各适量

操作步骤

①南瓜去皮切块；小米洗净后用清水浸泡20分钟。

②准备半瓶开水，倒入电饭锅中，下小米煮30分钟。

③煮粥期间，将发泡好的海参放入沸水中焯一下，与南瓜、枸杞一起放入小米锅中，继续煮15分钟左右关火，根据个人口味撒点精盐即可。

操作要领

如果觉得海参有腥味的话，可以在煮粥的时候加入姜末去腥。

营养贴士

小米具有安神、和胃、补虚等功效；海参具有促进发育、增强免疫力、美容养颜、抑制血栓的形成、抑制癌细胞生长等功效。

视觉享受：★★★★ 味觉享受：★★★★ 操作难度：★★

海参小米粥

TIME 20分钟

牛筋三蔬粥

视觉享受：★★★★
味觉享受：★★★★
操作难度：★

TIME 30分钟

菜品特点
淡嫩不腻
营养养生

主料： 水发牛蹄筋100克，糯米150克

配料： 精盐3克，味精1克，胡萝卜30克，玉米粒、豌豆各20克

操作步骤

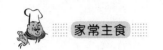

①糯米洗净浸泡60分钟；胡萝卜洗净切丁；玉米粒、豌豆洗净；水发牛蹄筋洗净，入锅炖好，切条。

②糯米放入锅中，加适量清水，旺火烧沸，放入水发牛蹄筋、玉米粒、豌豆、胡萝卜，转中火熬煮片刻，改小火熬煮至黏稠且冒气泡，放入精盐、味精调味即可。

操作要领

糯米在煮之前，最好先用清水浸泡一段时间。

营养贴士

牛筋中含丰富的胶原蛋白质，能增强细胞生理代谢，使皮肤更富有弹性和韧性，延缓皮肤的衰老。

视觉享受：★★★★ 味觉享受：★★★★ 操作难度：★

黄花菜瘦肉粥

TIME 20分钟

菜品特点

味道鲜美
营养健康

主料： 黄花菜50克，瘦肉100克，大米150克

配料： 精盐、葱花、姜末各适量

操作步骤

①黄花菜洗净；瘦肉切粗丝备用。

②姜末、大米、黄花菜一同放入滚水中，同煮成粥，放入葱花、肉丝，肉丝将熟时加入精盐调味即可。

操作要领

为防止粥溢锅，可在煮粥的时候加几滴植物油或少量盐。

营养贴士

此粥具有生津止渴、利尿通乳等功效，适用于产后乳汁不足症。

主料： 大米100克，胡萝卜20克，菠菜50克

配料： 精盐适量

操作步骤

①将胡萝卜削皮，洗净，切成小丁；菠菜择洗干净，用沸水氽熟，切成段；大米淘洗干净，用清水浸泡一会儿。

②将泡好的大米加适量水煮开，然后转成小火，加胡萝卜丁继续煮至软烂，最后放入菠菜、精盐，稍煮片刻即可。

操作要领

菠菜用水氽熟，是为了去除其所含的草酸。

营养贴士

此粥具有增强抵抗力、降糖降脂、明目、利膈宽肠、有利于细胞的生殖与增长等功效。

视觉享受：★★★★ 味觉享受：★★★★ 操作难度：★

胡萝卜菠菜粥

TIME 20分钟

菜品特点

味道清淡
营养美味

西米桂圆粥

TIME：30分钟

视觉享受：★★★★
味觉享受：★★★★
操作难度：★

菜品特点
简单易做
营养美味

主料： 西米、香米各100克，鲜桂圆80克
配料： 白砂糖100克，糖桂花10克，枸杞适量

操作步骤

①鲜桂圆洗净，剔去核，用适量白砂糖腌一段时间；西米、香米淘洗干净，用冷水浸泡一段时间，捞起沥干水分。

②锅中加入1000克冷水，加入西米、香米，用旺火煮沸，改用小火煮至香米浮起，呈稀粥状，加入白砂糖、糖桂花搅拌均匀，下入桂圆、枸杞，待桂圆浮在西米粥的上面即可。

操作要领

桂圆和枸杞一定要等粥快煮好的时候放，不然粥会变得很难吃。

营养贴士

桂圆具有补心脾、益气血、健脾胃、养肌肉、美容、延年益寿等功效。

视觉享受：★★★★ 味觉享受：★★★★ 操作难度：★

蛋蓉玉米羹

TIME 15分钟

菜品特点
色泽金黄
味道甘甜

主料： 玉米碴100克，鸡蛋2个

配料： 牛奶50克，白糖、水淀粉各适量

操作步骤

①锅中加清水烧热，倒入玉米碴和牛奶，加入白糖，搅拌均匀，熬10分钟左右，勾薄芡。

②将鸡蛋打成蛋液，淋在锅中成蛋蓉，搅拌均匀，倒入碗中即可。

操作要领

一定要先勾芡再倒入蛋液。

营养贴士

此羹具有减肥、防癌抗癌、降血压、降血脂、增加记忆力、抗衰老、润燥、护眼明目等功效。

主料： 糯米150克

配料： 生姜6克，红枣3个，葱花适量

操作步骤

①将生姜洗净切丝；红枣洗净；糯米淘洗干净，浸泡30分钟。

②锅中加水，放入糯米、红枣、生姜丝，同煮成粥，粥成时撒入葱花即可。

操作要领

糯米最好先浸泡一段时间。

营养贴士

此粥有温胃散寒、温肺化痰的作用，但阴虚者或孕妇慎食。

视觉享受：★★★★ 味觉享受：★★★★ 操作难度：★

生姜红枣粥

TIME 20分钟

菜品特点
香甜可口
营养美味

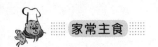

红枣首乌芝麻粥

TIME 20分钟

视觉享受：★★★★
味觉享受：★★★★
操作难度：★

菜品特点
制作简单
营养保健

主料： 大米100克，何首乌30克，黑芝麻20克，大枣适量

配料： 冰糖适量

操作步骤

①大米淘洗干净，用水泡一会儿；何首乌放入砂锅内，加入适量清水，中火煎煮，去渣留浓汁待用。

②将大米、黑芝麻、大枣、冰糖放入锅内，倒入何首乌汁，加适量清水，用武火烧沸后，转用文火煮至米烂成粥即可。

操作要领

何首乌要用中小火煎煮。

营养贴士

此粥具有益肾抗老、养肝补血等功效。

视觉享受：★★★★ 味觉享受：★★★★ 操作难度：★

山楂糯米粥

TIME 60分钟

菜品特点

味道香甜 营养保健

主料： 糯米30克

配料： 山楂10颗，米酒400克，姜丝、红糖各适量

操作步骤

①将山楂去核与糯米放入米酒中，加盖泡2小时。

②将浸泡好的材料，放入姜丝，加入250克米酒，大火烧滚后改小火加盖煮40分钟，再加入米酒150克，煮开熄火，加适量红糖即可。

操作要领

糯米最好先浸泡一段时间。

营养贴士

此粥具有泻火解毒、促进代谢等功效。

主料： 苹果、胡萝卜各25克，牛奶100克，大米100克

配料： 白糖适量

操作步骤

①胡萝卜、苹果洗净，切小块；大米淘净。

②锅置火上，注入清水，放入大米煮至八成熟，放入胡萝卜、苹果煮至粥将成，倒入牛奶稍煮，加白糖调匀即可。

操作要领

大米在煮之前可以放入清水中浸泡一段时间。

营养贴士

此粥具有降低胆固醇、防癌抗癌、促进胃肠蠕动等功效。

视觉享受：★★★★ 味觉享受：★★★★ 操作难度：★

苹果胡萝卜牛奶粥

TIME 20分钟

菜品特点

色泽鲜艳 营养丰富

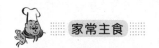

肉丸粥

TIME 30分钟

视觉享受：★★★★
味觉享受：★★★★
操作难度：★

菜品特点
味道鲜美
制作简单

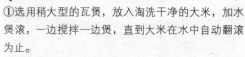

主料： 大米适量，熟猪肉丸 50 克
配料： 姜末、葱花各适量

操作步骤

①选用稍大型的瓦煲，放入淘洗干净的大米，加水煲滚，一边搅拌一边煲，直到大米在水中自动翻滚为止。

②放入熟猪肉丸、姜末，煮 10 分钟，撒上葱花即可。

操作要领

瓦煲装水之后预留 1/3 到 1/4 的空间，防止粥滚的时候溢出。

营养贴士

此粥有补血、通乳、托疮的作用，可用于产后乳少、痈疽、疮毒等症。

视觉享受：★★★★ 味觉享受：★★★★ 操作难度：★

桃仁蒸蛋羹

TIME 15分钟

主料： 鸡蛋1个，核桃仁少许

配料： 精盐、糖各少许

操作步骤

①鸡蛋打入碗内，搅拌均匀，加半碗凉开水，加少许精盐和糖，搅拌均匀。

②蒸锅内加水烧开后，把装鸡蛋的碗放在蒸锅上，蒸好后，蛋羹表面放上核桃仁即可。

操作要领

鸡蛋和水的比例为1∶2。

营养贴士

核桃有健胃、补血、润肺、养神、延年益寿等功效。

主料： 西米200克，甜瓜250克，南瓜适量

配料： 白砂糖15克，青豌豆适量

操作步骤

①甜瓜、南瓜洗净，去皮去瓤，切成块；西米放入沸水锅内，稍滚后捞出，再用冷水浸泡片刻，沥干水分。

②取锅加入约1000克冷水，烧沸后加入西米、甜瓜块、南瓜块、青豌豆，用旺火烧沸，改小火熬煮成粥，再加入白砂糖调味即可。

操作要领

西米煮过之后，要再用冷水浸泡一段时间。

营养贴士

此粥具有失眠调理、防暑调理、夏季养生调理等功效。

视觉享受：★★★★ 味觉享受：★★★★ 操作难度：★

西米甜瓜粥

TIME 30分钟

桂花鱼片粥

TIME 30分钟

视觉享受：★★★★
味觉享受：★★★★
操作难度：★

菜品特点
营养丰富
味道极佳

主料： 桂花鱼1条，米饭1碗

配料： 葱末、精盐、姜丝、油、鲜枸杞、葱花、淀粉各适量

操作步骤

①桂花鱼的中骨和头备用，鱼肉切薄片，加精盐、姜丝、淀粉拌匀。

②热锅下油，爆香葱末及姜丝，下入鱼中骨及鱼头翻炒至变色，加入清水熬汤，熬至汤呈奶白色，拣出鱼骨，下米饭接着煮。

③煮至米饭黏稠，下鱼片、枸杞，稍微滚一下，调入适量精盐，撒上葱花装碗上桌。

操作要领

鱼肉要等粥煮好了再放，稍煮一下，鱼片卷起即可。

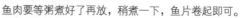

营养贴士

桂花鱼味甘、性平，具有补气血、益脾胃的滋补功效。

百变米饭

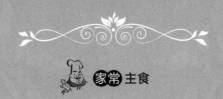

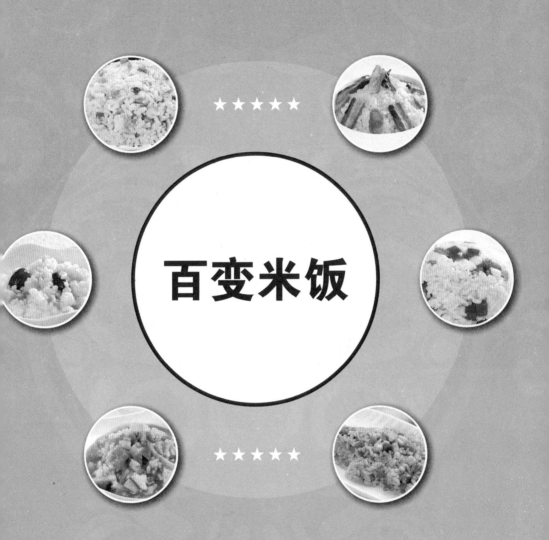

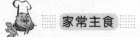

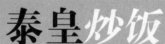

泰皇炒饭

TIME 20分钟

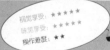

视觉享受：★★★★★
味觉享受：★★★★★
操作难度：★★

菜品特点
制作简单
鲜香可口

主料： 米饭适量，蟹肉棒2根，鸡蛋2个

配料： 洋葱1/2个，菠萝、葱花、精盐、糖、生抽、植物油各适量

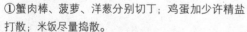

操作步骤

①蟹肉棒、菠萝、洋葱分别切丁；鸡蛋加少许精盐打散；米饭尽量捣散。

②锅内放适量油，烧热后下蟹肉棒，大火翻炒至熟，加精盐和糖调味，出锅。

③另起锅，多放点油，放入打散的鸡蛋，炒散后下菠萝丁、洋葱丁、葱花爆炒，再放入米饭炒匀，再放入炒熟的蟹肉棒，翻炒均匀，加适量的精盐和生抽调味即可。

操作要领

米饭最好是凉的，糙米饭效果更佳。

营养贴士

洋葱有健胃、祛痰、利水等功效；菠萝有止泻、消食积、利水等功效；鸡蛋有润燥、增强免疫力、护眼明目等功效。

视觉享受：★★★★　味觉享受：★★★★　操作难度：★

酱油炒饭

TIME 15分钟

菜品特点：鲜香可口　营养丰富

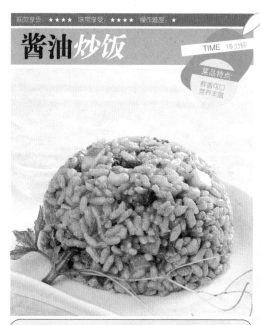

主料：米饭、肉馅、黄瓜、洋葱、玉米粒、蟹棒各适量

配料：酱油、精盐、鸡精、胡椒粉、糖、料酒、葱、姜、植物油各适量

操作步骤

①黄瓜洗净切丁；洋葱切丁；蟹棒切丁；葱、姜切成末。

②锅置火上，加肉馅及水（水要多过肉馅），炒至干酥，加酱油、胡椒粉、鸡精、料酒、精盐炒匀出锅；锅中再加适量植物油烧热，放入蟹棒翻炒，加点精盐和糖调味，出锅。

③另起锅，加少许植物油，放入黄瓜丁和洋葱丁，加入米饭、玉米粒炒匀，加入蟹棒，挥发出一部分水分后加入炒好的肉酥炒匀，出锅前加入葱末、姜末即可。

操作要领

米饭最好用隔夜饭。新焖的饭水要少加点，否则容易粘在一起。

营养贴士

此饭具有健胃、祛痰、利水、补充蛋白质、补肾滋阴、润燥等功效。

主料：米饭1碗，火腿、香菇、胡萝卜、黄瓜、鸡蛋各适量

配料：鸡精、酱油、精盐、醋、白酒、蟹黄、植物油各适量

操作步骤

①米饭戳散，火腿和香菇切粒，胡萝卜和黄瓜洗净切粒；鸡蛋打入碗中，加点精盐打散，放入烧热的植物油锅中炒成蛋碎，盛出来待用。

②另起锅，倒植物油，烧热后，放少量酱油，放胡萝卜、香菇煸炒，多炒一会儿，再放黄瓜丁，炒至黄瓜水分变少。

③放入火腿、米饭，不停翻炒，倒入鸡蛋，加入精盐、鸡精，放一点点醋和白酒，炒至米、菜均匀，粒粒分开，出锅，放点蟹黄即可。

操作要领

炒米饭时，放一点点醋和白酒，炒出的饭味道特别香，而且不腻。

营养贴士

该炒饭具有健脾、补气、扩张血管、养肝明目、化痰止咳、利水、清热、解毒等功效。

视觉享受：★★★★　味觉享受：★★★★　操作难度：★★

五彩炒饭

TIME 20分钟

菜品特点：色泽鲜艳　营养健康

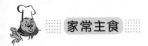

芽菜蘑菇蛋炒饭

视觉享受：★★★★
味觉享受：★★★★★
操作难度：★★

TIME 35分钟

菜品特点
营养丰富
口感良好

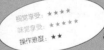

主料：米饭250克，芽菜20克，蘑菇50克，鸡蛋2个

配料：洋葱1个，嫩豌豆50克，精盐5克，植物油25克

操作步骤

①洋葱切丁；蘑菇洗净，切薄片；鸡蛋磕入碗中，撒0.5克精盐搅拌均匀；将米饭分散。

②锅置中火上，放油烧至五成热，放入洋葱炒香，加入鸡蛋炒匀，加1克精盐炒匀，再放蘑菇片和嫩豌豆一起炒2分钟。

③放入芽菜炒香，再放入米饭炒散，放入剩下的精盐，炒5分钟左右，翻炒均匀即可。

操作要领

米饭在炒之前，要先弄散，以免炒的时候粘连。

营养贴士

蘑菇具有提高机体免疫力、镇痛、镇静、止咳化痰、通便排毒、降血压等功效。

视觉享受：★★★★ 味觉享受：★★★★ 操作难度：★

腊肉蛋炒饭

TIME 20分钟

菜品特点：鲜香可口 营养美味

主料： 米饭1碗，腊肉1块，鸡蛋2个

配料： 干豌豆1把，鲜玉米粒10克，精盐少许，葱花、植物油各适量

操作步骤

①腊肉洗净切成小块；鸡蛋放入锅中，加葱花炒成蛋碎盛出；干豌豆用清水泡一小会儿。

②锅内倒植物油，放入腊肉、豌豆和玉米粒翻炒，加半碗水将腊肉煮熟，汤汁收干前倒入米饭。

③米饭翻炒后放入炒好的鸡蛋，翻炒一小会儿后放少许精盐调味即可。

操作要领

炒饭时要用冷饭，因冷饭较干一些，炒起来不易粘在一块。

营养贴士

该炒饭具有开胃祛寒、消食、养心安神、补中益气、止痢等功效。

主料： 米饭1碗，鸡蛋1个，辣白菜、火腿各适量

配料： 食盐5克，葱花、植物油各适量

操作步骤

①辣白菜、火腿均切块；锅里放油加热，将鸡蛋炒熟备用。

②锅内再放油，放入辣白菜和辣白菜汁翻炒，然后加入米饭翻炒，再加入炒熟的鸡蛋、食盐、火腿翻炒均匀，撒上葱花即可。

操作要领

根据个人口味，也可以用香菜代替葱花。

营养贴士

大白菜具有养胃利水、解热除烦的功效，可用于治疗咳嗽多、咽喉肿痛等症。

视觉享受：★★★★★ 味觉享受：★★★★★ 操作难度：★

辣白菜炒饭

TIME 15分钟

菜品特点：营养开胃 美味可口

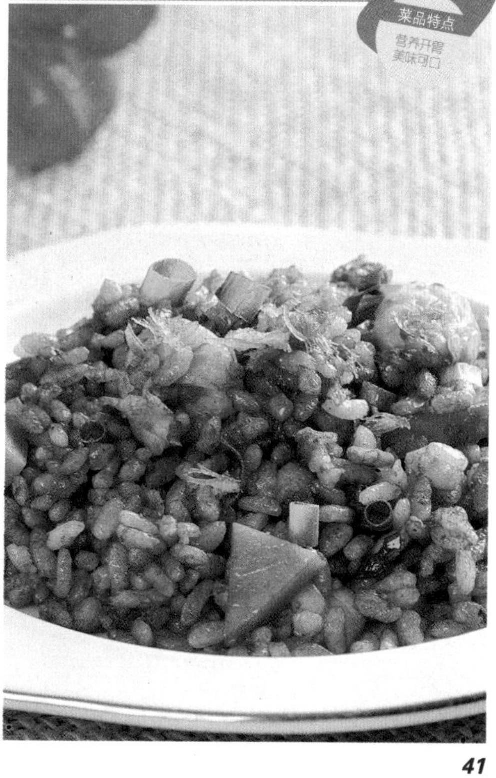

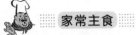

腊肉香肠蒸饭

TIME 30分钟

视觉享受：★★★★★
味觉享受：★★★★★
操作难度：★★

菜品特点
制作简单
营养开胃

主料： 大米150克，腊肉、广式香肠各适量

配料： 油菜1棵，橄榄油5克，生抽、老抽、白糖、香油各适量

操作步骤

①将大米洗净，入水浸泡10分钟；油菜洗净，放入开水中焯1分钟捞起备用；腊肉、香肠切片，放在水里浸泡5分钟，捞出备用。

②米中放入5克橄榄油，放入微波炉中，蒸到八分熟的时候拿出，摆上腊肉、香肠、油菜，继续蒸熟即可。

③食用时，浇上用老抽、生抽、白糖、香油调成的汁，拌匀即可。

操作要领

大米在蒸之前，要先放入水中浸泡一段时间。

营养贴士

此饭具有开胃助食、消食等功效。

视觉享受：★★★★★ 味觉享受：★★★★★ 操作难度：★

什锦炒饭

TIME 15分钟

菜品特点：米饭香醇 制作简单

主料： 米饭200克，香菇20克，虾仁20克

配料： 胡萝卜1根，精盐3克，鸡精2克，白酒2克，油适量

操作步骤

①香菇泡发后切片，胡萝卜洗净擦成细丝。

②米饭从锅中取出淋上一些白酒。

③炒锅放少许油，起烟后加入香菇片、胡萝卜丝、虾仁，翻炒1分钟，加入米饭，继续翻炒5分钟左右，关火前加入精盐和鸡精调味即可。

操作要领

香菇应提前泡发。

营养贴士

香菇具有提高人体免疫力、延缓衰老、防癌抗癌、降血压、降血脂、降胆固醇等功效。

视觉享受：★★★★★ 味觉享受：★★★★★ 操作难度：★

菠萝炒饭

TIME 15分钟

菜品特点：口感独特 营养丰富

主料： 米饭1碗，菠萝30克

配料： 葡萄干、葱花、山楂糕、植物油各适量，精盐、白兰地各少许

操作步骤

①菠萝放入盐水中浸泡20分钟，取出沥干水分，切小丁；山楂糕切丁备用。

②锅内热植物油，加葱花炒香，加米饭，淋少许白兰地炒散，再加入菠萝、山楂糕、葡萄干，翻炒均匀，加入少许精盐，翻炒均匀即可。

操作要领

菠萝放盐水中里浸泡一段时间，可去除菠萝内的菠萝酶。

营养贴士

菠萝性平、味甘，具有清暑解渴、消食止泻、补脾胃、固元气、益气血、消食、祛湿等功效。

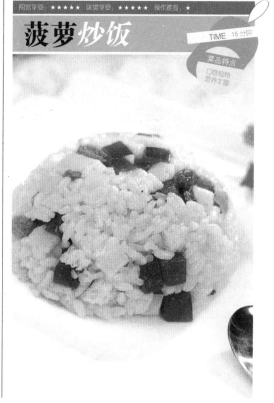

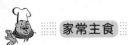

土豆焖饭

TIME 25分钟

视觉享受：★★★★★
味觉享受：★★★★★
操作难度：★

菜品特点
营养丰富
老少皆宜

主料： 大米500克，猪肉50克，土豆100克

配料： 色拉油、精盐、味精、老抽、葱花、料酒、蚝油各适量

操作步骤

①大米洗净浸泡30分钟；土豆洗净去皮，切丁；猪肉洗净切丁，放入适量的料酒、蚝油搅拌均匀，腌渍10分钟。

②锅中放色拉油，油热后放入腌好的肉丁煸炒，炒好后盛出备用。

③锅中放色拉油，放入葱花煸炒，放入土豆丁一起翻炒，放入适量的精盐、味精、老抽，搅拌均匀，倒入炒好的猪肉丁，炒到土豆基本成熟。

④倒入大米，翻炒均匀，倒入电饭锅中，加入适量的水，盖上锅盖，焖20分钟即可。

操作要领

水不要放太多，和平时焖饭一样就可以了。

营养贴士

土豆具有补充营养、和中养胃、健脾利湿、宽肠通便、降糖降脂、美容养颜等功效。

视觉享受：★★★★ 味觉享受：★★★★ 操作难度：★★

香菇鸡肉饭

TIME 30分钟

菜品特点：制作简单 口感颇佳

主料： 三黄鸡1只，鲜香菇8朵，大米适量

配料： 芹菜叶、葱、姜、酱油、料酒、精盐、胡椒粉、植物油各适量

操作步骤

①大米淘洗干净，加水浸泡30分钟；三黄鸡洗净拆解成小块，加入精盐、料酒、酱油、胡椒粉抓匀，腌渍15分钟；鲜香菇洗净切片；芹菜叶洗净撕成小朵；葱、姜切片备用。

②坐锅热油，下葱末、姜末煸出香味后放入鸡肉充分煸炒，然后将电饭锅中泡米的水倒入炒锅中，大火烧开后转小火，同时加入香菇翻炒均匀，加精盐调味。

③小火略煮几分钟后将炒锅中的鸡肉和香菇连汤带料倒入电饭煲中，盖在大米上，盖上盖子，熟后打开盖子放入芹菜叶，翻拌均匀，盖上盖再焖10分钟即可。

操作要领

鸡肉和香菇连汤带料倒入电饭煲中后不用搅拌。

营养贴士

鸡肉具有温中、补精益髓、益气等功效。

主料： 鱼翅25克，米饭适量

配料： 鸡精2克，葱末、姜末各5克，食用油、精盐、海鲜酱油、花椒、十三香、高汤各适量，湿淀粉、虾仁各少许

操作步骤

①将鱼翅泡2小时以上，用清水投净，放入冷水锅中加葱末、姜末煮3分钟，然后用清水投净。

②锅中倒入食用油，放入花椒、十三香炸一下扔掉，再放入虾仁炒一下，加海鲜酱油爆锅。

③下入高汤，再放适量的水和鱼翅煮开，放入精盐和鸡精，再加湿淀粉勾薄芡，盛一碗米饭，与鱼翅一同上桌即可。

操作要领

鱼翅先入开水浸泡，再用刀刮去上面的沙子，同时修掉边缘不规则的部分及毛边。

营养贴士

鱼翅味甘、咸，性平，具有益气、渗湿行水、开胃进食、清痰、消鱼积、补五脏、长腰力、益虚痨的功效。

视觉享受：★★★★★ 味觉享受：★★★★★ 操作难度：★★

鱼翅捞饭

TIME 25分钟

菜品特点：柔嫩爽滑 软糯爽口

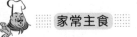

红枣焖南瓜饭

TIME 30分钟

视觉享受：★★★★
味觉享受：★★★★
操作难度：★★

菜品特点
软糯清香
咸甜适度

主料： 大米400克，南瓜600克

配料： 葱花20克，白糖10克，猪油60克，红枣适量

操作步骤

①大米淘洗干净，放入冷水中浸泡60分钟左右，见米粒稍胀，捞出控干水分；南瓜去皮和籽，洗净后切成约2厘米见方的块。

②炒锅内倒入猪油，烧至七成热，放入葱花炝锅，出香味后放入南瓜块，煸炒几下，炒至稍软，放入大米、红枣、白糖和水，旺火烧开，搅拌均匀，煮至米粒开花、水快干时盖上锅盖，用中火焖约15分钟，撒上葱花即可。

操作要领

也可根据个人口味将白糖换成精盐。

营养贴士

红枣具有防癌抗癌、降血压、降胆固醇、保肝护肝、预防骨质疏松等功效。

视觉享受：★★★★ 味觉享受：★★★★ 操作难度：★★

鲍汁白灵菇

TIME 20分钟

菜品特点：味道鲜美 营养丰富

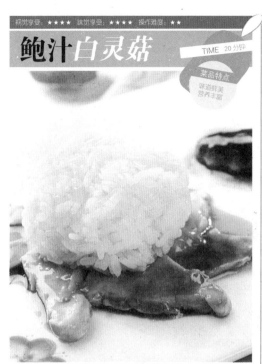

主料： 米饭1碗，白灵菇1朵

配料： 鲍汁15克，蚝油5克，植物油10克，老抽、水淀粉、精盐各适量

操作步骤

①白灵菇洗净切大片，加鲍汁、蚝油、清水调成的酱汁搅拌，使每一片蘑菇都挂上酱汁，放入盘子里，放在开水锅蒸10分钟取出。

②炒锅倒植物油烧热，直接把白灵菇带汁倒入炒锅，加一点点老抽、精盐，炒制1～2分钟，出锅前放少许水淀粉使汤汁浓稠。

③炒制好的白灵菇放入盘中，盛一碗米饭倒扣在白灵菇上即可。

操作要领

因为鲍汁和蚝油都带咸味，所以炒白灵菇时可以依个人口味酌情添加精盐。

营养贴士

白灵菇含有真菌多糖和维生素等生理活性物质及多种矿物质，有调节人体生理平衡、增强人体免疫功能的功效。

主料： 米饭1碗

配料： 嫩竹笋1根，鸡蛋1个，青椒、红椒、黄灯笼椒各1个，水发香菇若干，高汤、精盐、味精、料酒、植物油各适量

操作步骤

①青椒、红椒、黄灯笼椒洗净切丁；嫩竹笋洗净切块；水发香菇洗净切丁。

②锅中倒油烧热，打入鸡蛋，滑散，放入青椒丁、红椒丁、黄灯笼椒丁炒香，加香菇丁、嫩竹笋块翻炒，加高汤煮滚，放入味精、精盐、料酒，倒入米饭炒匀即可。

操作要领

也可根据个人的口味加入其他果蔬和肉类。

营养贴士

竹笋具有滋阴凉血、和中润肠、清热化痰、解渴除烦、清热益气等功效。

视觉享受：★★★★★ 味觉享受：★★★★★ 操作难度：★

台湾什锦烩饭

TIME 30分钟

菜品特点：制作简便 营养开胃

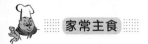

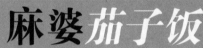

麻婆茄子饭

视觉享受：★★★★
味觉享受：★★★★
操作难度：★★★

TIME 40分钟

菜品特点
味道鲜美
营养美味

主料： 茄子、猪肉馅、米饭各适量

配料： 葱、姜、蒜、花椒、生抽、郫县豆瓣酱、剁椒、花雕酒、植物油、精盐各适量，芝麻油、水淀粉、白糖各少许

操作步骤

①茄子切条；葱部分切末、部分切花，姜、蒜切末。

②锅内热植物油，放入茄子炸制，茄子变得稍软时捞出，沥去油。

③锅内热少许植物油，加入葱末、姜末、蒜末爆香，加入猪肉馅略翻炒，加入适量郫县豆瓣酱、剁椒炒匀，加入适量花雕酒、少许生抽、白糖、精盐和适量水；煮开，加入炸好的茄子，翻匀后略煮片刻，加入少许水淀粉勾芡。

④取一个干净的小锅，加入少许芝麻油烧热，加入花椒爆香后关火；碗内盛入米饭，铺上茄子肉末，将少许花椒芝麻油淋在表面，撒上葱花，吃时拌匀即可。

操作要领

茄子不炸，直接炖煮也可，只是炸过的口感更软糯些。

营养贴士

此饭具有清热止血、消肿止痛、润燥等功效。

视觉享受：★★★★ 味觉享受：★★★★ 操作难度：★

腊肉虾仁蒸饭

TIME 30分钟

菜品特点
香甜可口
营养健康

主料： 大米150克，腊肉、虾仁各适量

配料： 橄榄油15克，葡萄干、青豌豆、生抽、老抽、白糖、香油、精盐各适量

操作步骤

①将大米洗净，浸泡10分钟；青豌豆洗净；腊肉切片，放水里浸泡5分钟，捞出备用；虾仁洗净。

②米中放15克橄榄油，放入微波炉中，蒸到八分熟的时候拿出，摆上腊肉、虾仁、青豌豆、葡萄干，放入微波炉中继续蒸熟，取出。

③将老抽、生抽、白糖、香油、精盐调成汁，浇在饭上拌匀即可。

操作要领

腊肉用水泡一会儿，既方便蒸熟，又可使咸味淡些。

营养贴士

此饭具有开胃祛寒、消食、补血气、暖肾、抗癌等功效。

主料： 米饭1碗

配料： 新鲜香菇2朵，洋菇3朵，茶树菇30克，西红柿1个，芹菜1根，素火腿30克，姜30克，胡萝卜1根，精盐、糖、乌醋、黑胡椒、湿淀粉、橄榄油各适量

操作步骤

①新鲜香菇、洋菇分别洗净切片；茶树菇泡发洗净，切掉根部；西红柿洗净切小块；芹菜洗净切段；素火腿切片；姜、胡萝卜分别洗净，去皮后切片。

②锅中放入橄榄油，加入姜片用小火炒香，捞出，再放入香菇、洋菇、茶树菇、胡萝卜及素火腿炒熟，再倒入250克水，用中火煮开，再加入西红柿、芹菜，随后加精盐、糖、黑胡椒调味，用湿淀粉勾薄芡，熄火，最后加入乌醋搅拌均匀，即成芡汁。

③将米饭盛入碗中，把煮好的芡汁淋在饭上即可。

操作要领

制芡汁时，要用中火。

营养贴士

茶树菇具有益气开胃、健脾止泻、抗衰老、降低胆固醇、防癌抗癌等功效。

视觉享受：★★★★ 味觉享受：★★★★ 操作难度：★★★

咕咕烩饭

TIME 25分钟

菜品特点
营养丰富
味道极佳

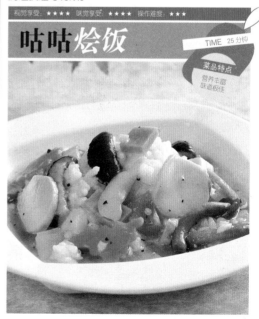

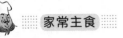

苹果咖喱饭

TIME 25分钟

视觉享受：★★★★
味觉享受：★★★★
操作难度：★★

菜品特点：味道醇厚 口感独特

主料： 苹果1个，咖喱块50克，米饭适量

配料： 胡萝卜2根，土豆1个，瘦肉1小块，腌芥菜根、花椰菜、植物油各适量

操作步骤

①所有配料洗净，瘦肉、腌芥菜根切丁，苹果、土豆、胡萝卜去皮后切丁，花椰菜用手掰成小朵。

②锅中加适量油，放入瘦肉丁和腌芥菜根丁翻炒，至肉变色出香味时，放入苹果丁、土豆丁、胡萝卜丁、花椰菜丁一起翻炒2分钟。

③加入适量冷水，煮沸后转中小火继续煮10分钟左右后关火，放入咖喱块，待完全溶解后，小火炖煮5分钟，至咖喱呈浓稠状，将煮好的咖喱浇在蒸好的热米饭上，撒上葱花即成。

操作要领

也可在饭上撒少许香草碎，以增加风味。

营养贴士

苹果具有除烦、养胃、生津等功效；土豆具有和胃、解毒、消肿等功效。

视觉享受：★★★★★ 味觉享受：★★★★★ 操作难度：★★

苋菜麻油蒸饭

TIME 25分钟

主料： 白米 100 克，苋菜 150 克

配料： 蒜 2 瓣，胡麻油 10 克，玉米粒 20 克

操作步骤

①苋菜洗净，切小段；蒜瓣切片。

②热锅倒入胡麻油，小火爆香蒜片，放入苋菜段炒约 1 分钟，至苋菜出水后捞起沥干。

③白米洗净后沥干水分，与炒好的苋菜及玉米粒拌匀放入电子锅中，按下开关蒸至开关跳起，再焖 10 分钟即可。

操作要领

在炒苋菜时可能会出很多水，所以在炒制过程中可以不用加水。

营养贴士

苋菜具有清热解毒、增强体质、促进儿童生长发育、防止肌肉痉挛等功效。

主料： 大米 200 克，干豌豆粒 75 克

配料： 胡萝卜 50 克，面包糠 40 克，洋葱末 10 克，猪化油 20 克，精盐、植物油、鸡蛋液各适量

操作步骤

①将大米淘洗干净，入锅加适量清水煮，当饭快熟时，把胡萝卜洗净，放在饭上蒸熟；干碗豆洗净，放油锅中炸一下，捞出。

②将胡萝卜切成小丁，同鸡蛋液、精盐、洋葱末、猪化油、豌豆粒一起拌入饭里。

③在烤盘内抹一层植物油，铺入一层面包糠，把饭放在上面抹平，再抹一层植物油，然后放入烤箱，烤至表面呈金黄色即成。

操作要领

在烤饭时，一定要掌握好时间，这样才能做出美味的饭。

营养贴士

此饭具有益中气、止泻痢、利小便、消痈肿、解乳石毒、增强抵抗力、降糖降脂等功效。

视觉享受：★★★★ 味觉享受：★★★★ 操作难度：★★

豌豆烤饭

TIME 30分钟

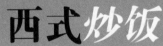

西式炒饭

TIME 20分钟

菜品特点
营养丰富
味道极佳

视觉享受：★★★★★
味觉享受：★★★★★
操作难度：★★

主料： 米饭、牛肉各适量

配料： 寿司酱油、胡萝卜、鸡精、黑胡椒、精盐、红辣椒汁、玉米粒、洋葱、豌豆各适量

操作步骤

①将寿司酱油、鸡精、黑胡椒、精盐、红辣椒汁、豌豆放入切成粗粒的牛肉里，搅拌均匀后放入冰箱腌4小时以上；胡萝卜、洋葱切粒备用。

②起锅将油烧热，将腌过的肉炒至七成熟，加入玉米粒、胡萝卜、洋葱、豌豆翻炒，然后加入刚出锅的米饭一起炒，最后淋上点寿司酱油炒匀即可。

操作要领

牛肉在炒之前先腌渍一下，是为了入味。

营养贴士

牛肉含有丰富的蛋白质，氨基酸组成比猪肉更接近人体需要，能提高机体抗病能力，对生长发育及手术后、病后调养的人在补充失血和修复组织等方面特别适宜。

视觉享受：★★★★ 味觉享受：★★★★ 操作难度：★★

川味牛肉石锅饭

TIME 20分钟

菜品特点：口味独特 操作方便

主料： 大米、卤牛肉、丝瓜、西红柿各适量

配料： 辣酱、植物油各适量

操作步骤

①大米淘洗干净，上蒸锅蒸熟；卤牛肉、丝瓜、西红柿切片，丝瓜用热水焯一下。

②石锅底层刷一点植物油，然后在里面放入米饭，在饭上铺上牛肉、丝瓜、西红柿，放在火上加热，直到听到“嗞嗞”的声音，关火。

③吃的时候，放一点辣酱在菜上，将饭、辣酱、菜搅拌均匀即可。

操作要领

在石锅底部铺一层植物油，是为了使米饭不粘锅。

营养贴士

牛肉含有丰富的蛋白质，氨基酸组成等比猪肉更接近人体需要，能提高机体抗病能力。

主料： 大米 200 克，糙米 80 克

配料： 南瓜 150 克，菜叶少许

操作步骤

①糙米淘净后加水浸泡 2 小时；大米淘净后，倒入糙米中混合，加适量的水，一起浸泡 30 分钟。

②南瓜去皮去籽，切成小块；菜叶洗净入水焯熟，晾凉后切碎。

③泡好的米放入电饭锅，待电饭锅内的水煮开，倒入南瓜块，搅拌一下，继续煮至熟，放入切碎的菜叶拌匀即可。

操作要领

可以根据个人口味，加少许盐调味。

营养贴士

糙米具有改善肠胃机能、净化血液、降低胆固醇、促进血液循环等功效。

视觉享受：★★★★ 味觉享受：★★★★ 操作难度：★

糙米南瓜拌饭

TIME 20分钟

菜品特点：制作简单 营养丰富

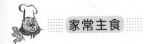

血糯米蒸干果

视觉享受：★★★★★
味觉享受：★★★★★
操作难度：★★★

TIME 60分钟

菜品特点
味道香甜
营养丰富

主料： 血糯米150克，莲子30颗，花生仁30颗
配料： 红枣15颗，冰糖适量

操作步骤

①将血糯米、莲子、花生仁淘洗干净后浸泡一晚上；红枣洗净浸泡10分钟左右。

②将浸泡好的材料捞出，将红枣、花生仁、血糯米、冰糖一起放入大碗中拌匀，再倒入一个耐热的碗中。

③高压锅中加适量水，摆入蒸架，将装有血糯米的碗放在蒸架上，把莲子摆在碗周围，盖上锅盖，大火烧开后转中火蒸40分钟后关火，待高压锅完全泄压后再打开锅盖，将碗和莲子取出。

④用一个碟子盖在装有蒸好的血糯米的碗上，再将其翻转过来，最后将莲子摆在米饭周围即可。

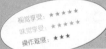

操作要领

高压锅内的水要放足，以防烧干。

营养贴士

莲子具有养心安神、止泻、补脾等功效；红枣具有安神、补脾胃、辅助降血脂等功效；冰糖有和胃、健脾、润肺止咳的功效。

视觉享受：★★★★ 味觉享受：★★★★ 操作难度：★

玉米稀饭蒸蛋

TIME 15分钟

主料： 稀饭1碗，鸡蛋2个

配料： 玉米酱30克，精盐少许

操作步骤

①玉米酱加进稀饭中搅拌均匀，加精盐调味。

②将蛋打散后铺在稀饭上。

③取一蒸锅，将稀饭放入蒸锅中蒸8分钟左右至熟即可。

操作要领

玉米酱和稀饭要搅拌均匀，依个人口味适量加盐。

营养贴士

鸡蛋性平、味甘，可补肺养血、滋阴润燥、补阴益血、除烦安神、补脾和胃，是扶助正气的常用食品。

主料： 大米100克，西红柿50克，肉肠适量

配料： 精盐少许

操作步骤

①大米淘洗干净，浸泡30分钟，沥干水分；西红柿洗净切丁；肉肠切丁。

②将大米放入电子锅中，放入西红柿丁、肉肠丁、精盐，按下开关蒸至开关跳起，再焖10分钟即可。

操作要领

根据自己的口味，也可不放盐。

营养贴士

西红柿具有止血、降压、利尿、健胃消食、生津止渴、清热解毒、凉血平肝的功效。

视觉享受：★★★★ 味觉享受：★★★★ 操作难度：★

西红柿肉肠蒸饭

TIME 20分钟

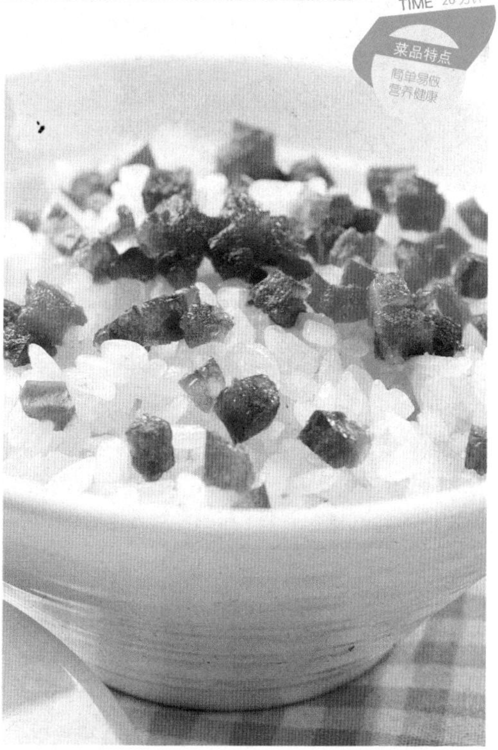

红枣糯米饭

TIME 60分钟

视觉享受：★★★★★
味觉享受：★★★★★
操作难度：★★

菜品特点
色泽明亮
口感软糯

主料： 糯米200克，红枣适量

配料： 白砂糖、葡萄干、莲子、枸杞、山楂糕条、水淀粉各适量

操作步骤

①糯米用清水浸泡4小时以上，沥干水分；蒸笼布浸湿挤去水分，铺在蒸笼上将糯米均匀铺地在上面，隔水大火蒸20分钟左右。

②取出蒸熟的糯米饭，加入白砂糖拌匀；取一大碗，将山楂糕条、红枣、莲子、葡萄干、枸杞在碗底排列好，用糯米饭铺满碗内，压平。

③上蒸锅，大火蒸30分钟，取出饭碗，趁热倒扣在盘中；炒锅放火上，勾水淀粉，淋在糯米饭上即可。

操作要领

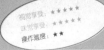

糯米蒸之前，先浸泡4~5小时，可以缩短蒸煮时间，而且口感更好。

营养贴士

糯米含有蛋白质、脂肪、糖类、钙、维生素B_1、维生素B_2及淀粉等，为温补强壮食品，具有补中益气、健脾养胃、止虚汗等功效。

视觉享受：★★★★★ 味觉享受：★★★★★ 操作难度：★

豌豆腊肠糯米饭

TIME 45分钟

菜品特点

制作简单

口感颇佳

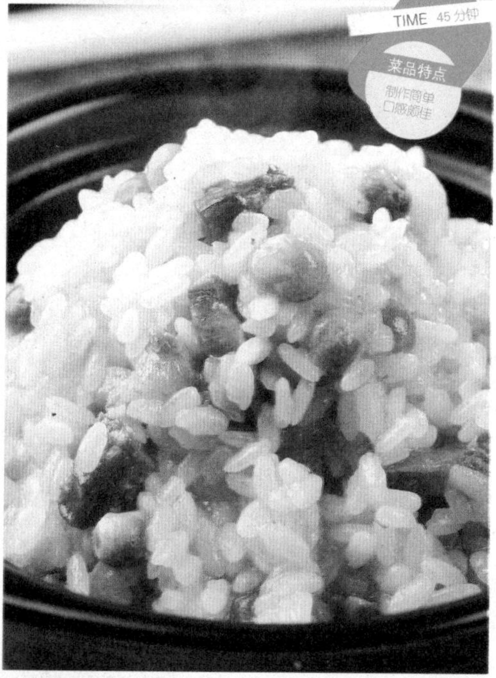

主料： 糯米225克，香肠100克，嫩豌豆350克

配料： 植物油15克，精盐2.5克

操作步骤

①将糯米淘洗干净，浸泡在清水中15分钟左右后捞出待用；香肠切成0.5厘米见方的丁。

②锅中倒植物油烧至五成热，放入香肠丁炒香，约3分钟后加入豌豆、精盐一起炒匀，加入糯米一起炒至五成熟。

③铲起豌豆、香肠、糯米装入电饭煲，在锅中掺入清水煮约35分钟，起锅即可。

操作要领

糯米淘洗干净后，在水中浸泡15分钟之后更容易煮软。

营养贴士

糯米具有补中益气、健脾止泻、解毒等功效。

主料： 米饭1碗，鸡蛋1个

配料： 胡萝卜1根，泡椒1个，精盐、香油、甜辣酱、海苔、蒿菜、植物油各适量

操作步骤

①胡萝卜、蒿菜、海苔洗净，胡萝卜切丁，蒿菜放沸水中焯熟。

②锅中放植物油烧热，倒入胡萝卜丁翻炒，加点精盐调味，炒熟后盛出。

③石锅中涂一层薄薄的香油，铺好米饭，将蒿菜、胡萝卜丁、泡椒、海苔码进去，鸡蛋煎至六成熟，放到上面。

④石锅放在火上加热，直至发出“嗞嗞”的声音、锅底米饭略焦，拌上甜辣酱即可。

操作要领

可以根据个人口味，在拌饭中加入生抽。

营养贴士

此饭具有健脑益智、保护肝脏、延缓衰老、益肝明目、利膈宽肠、增强免疫功能等功效。

视觉享受：★★★★★ 味觉享受：★★★★★ 操作难度：★★

石锅拌饭

TIME 45分钟

菜品特点

颜色鲜亮

营养均衡

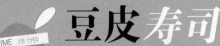

豆皮寿司

TIME 15分钟

视觉享受：★★★
味觉享受：★★★★
操作难度：★

菜品特点
简单易做
味道香甜

主料： 米饭1碗，豆皮2张
配料： 红枣各适量

操作步骤

①红枣洗净捣烂，放入米饭中，上锅蒸5分钟。
②把蒸好的米饭拌匀，均匀涂抹在豆皮上，从一边卷好，稍凉后切段即可。

操作要领

卷的时候一定要卷紧。

营养贴士

该寿司具有健脑益智、保护肝脏、预防癌症、延缓衰老、提高免疫力等功效。

视觉享受：★★★★★ 味觉享受：★★★★★ 操作难度：★

寿司

TIME 15分钟

菜品特点
造型美观
味道新鲜

主料： 米饭1碗，鸡蛋1个，海苔1张

配料： 黄瓜1根，胡萝卜1根，苹果醋30克，肉松适量

操作步骤

①米饭凉后与苹果醋搅拌均匀；鸡蛋打散，放平底锅烙成薄蛋皮，取出切成条；胡萝卜剁成茸；黄瓜切成条。

②寿司帘上铺一张海苔，毛面向上，铺上调味后的米饭，撒点胡萝卜茸和肉松增色，放入黄瓜条、蛋皮条后，卷起定型，利刀蘸水切成寿司卷即可。

操作要领

用很锋利的刀蘸清水切卷，会非常容易，这是不粘刀的小窍门。

营养贴士

海苔中所含的藻胆蛋白具有降血糖、抗肿瘤、抗衰老等功效，还含有维生素A和维生素E以及少量的维生素C，能增强记忆。

主料： 米饭1碗

配料： 海苔1张，黄瓜、火腿、肉松、果脯（山楂、梨）各适量

操作步骤

①黄瓜洗净切丁；火腿切丁；果脯切丁。

②将米均匀涂抹在海苔表面，将黄瓜、火腿丁、肉松、果脯丁卷入海苔，卷成卷状，切成一段一段，装盘即可。

操作要领

卷的时候一定要卷紧压实了，否则切的时候容易散。

营养贴士

该寿司具有清热止渴、利水消肿、提高免疫力等功效。

视觉享受：★★★★★ 味觉享受：★★★★★ 操作难度：★

什锦寿司

TIME 10分钟

菜品特点
造型美观
味道新鲜

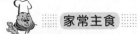

黄油炒饭

TIME 20分钟

视觉享受：★★★★
味觉享受：★★★★
操作难度：★

菜品特点
简单易做
营养美味

主料：米饭1碗

配料：胡萝卜50克，黄油、精盐、味精、熟黑芝麻、腊肉丁、葱花各适量

操作步骤

①胡萝卜洗净切丁。

②锅烧热，放黄油，化开后放入胡萝卜丁翻炒，放入米饭翻炒，放入腊肉丁、熟黑芝麻翻炒均匀，放精盐、味精炒匀，撒上葱花即可。

操作要领

以黄油代替普通的油，炒出来的饭更香。

营养贴士

黄油含有丰富的氨基酸、蛋白质，还富含维生素A等各种维生素和矿物质，可为身体的发育和骨骼的发育补充大量营养。

家常面点

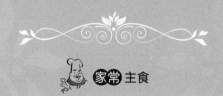

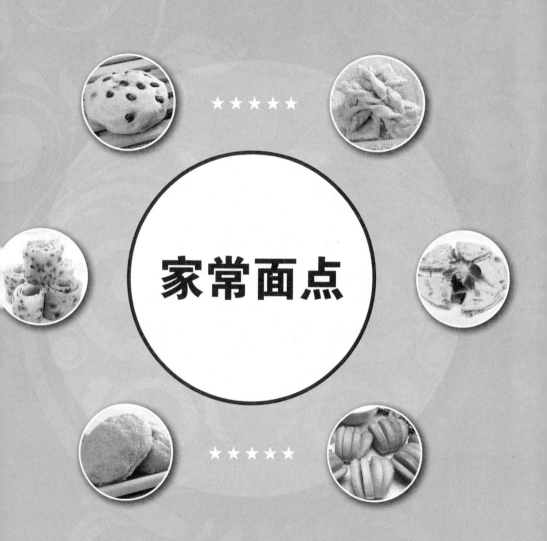

紫米发糕

TIME 30分钟

视觉享受：★★★
味觉享受：★★★★
操作难度：★

菜品特点
香甜可口
制作简单

主料： 米粉50克，紫米粉25克，低筋面粉30克
配料： 细砂糖35克，酵母粉2克

操作步骤

①将米粉、细砂糖、酵母粉、低筋面粉、紫米粉放入容器中，加水拌匀，盖起来发酵2小时。

②面糊发好后倒入容器里，放入蒸锅中蒸20分钟，出锅后用刀切块即可。

操作要领

发酵时，注意一定要上面有泡了才可以。

营养贴士

紫米含有丰富的蛋白质、脂肪、赖氨酸、核黄素、叶酸等多种维生素及锌、铁、钙、磷等微量元素。

视觉享受：★★★★★ 味觉享受：★★★★★ 操作难度：★★

四川千层发面糕

TIME 30分钟

菜品特点：松软可口 清香味美

主料： 面粉200克，玉米粉150克

配料： 阿胶蜜枣1粒，白糖、黄豆粉各50克，干酵母5克，山楂糕片、青丝玫瑰各适量

操作步骤

①面粉、玉米粉、黄豆粉和干酵母、白糖一起混合，加适量水，用筷子搅拌成面糊，盖上保鲜膜，放在温暖处发酵。

②发酵到原来的2倍大时放入蒸锅的容器中，放上1粒阿胶蜜枣，盖上保鲜膜进行二次发酵。

③大火烧开蒸锅中的水，待面糊再次发酵至2倍大时，将容器移入蒸锅，蒸35分钟左右出锅，放上山楂糕片，撒上青丝玫瑰即可。

操作要领

面粉和玉米面的比例可根据个人口感调整，只是玉米面越多成品口感则越粗糙，凉后越干硬扎实。

营养贴士

玉米面有益肺宁心、健胃防癌、降胆固醇、健脑的功效。

主料： 精面粉500克

配料： 酵面50克，熟猪油50克，苏打粉适量，白糖、食用红色素各少许

操作步骤

①将精面粉倒在案板上，中间扒个窝，加入酵面、清水揉成面团，用湿布盖好，发酵2小时，加入苏打粉、白糖揉匀，取1/3的面团加入食用红色素揉成粉红色面团。

②醒好的白面团揉搓成长圆条，按扁，擀成20厘米长、5厘米宽、0.5厘米厚的面条，再把粉红色面团也擀成同样大小的面皮，将红面皮叠放在白面皮上微擀，抹少许熟猪油，由长方形窄的两边向中间对卷，在两个卷合拢处抹少许清水，翻面搓成直径约3厘米的圆条，用刀切成面段，立放在案板上。

③笼内抹少许熟猪油，用筷子将案板上立着的面段从两个圆卷向中间夹成四瓣，入笼蒸约15分钟至熟即成。

操作要领

蒸用沸水、旺火速蒸，蒸至表面光滑不粘手即可。

营养贴士

此花卷具有养心益肾、健脾厚肠、除热止渴等功效。

视觉享受：★★★★ 味觉享受：★★★★ 操作难度：★★

海棠花卷

TIME 30分钟

菜品特点：形色美观 松软绵韧

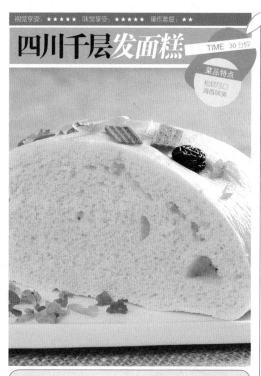

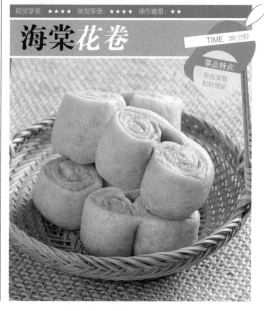

老面馒头

TIME 60分钟

视觉享受：★★★★
味觉享受：★★★★★
操作难度：★★

菜品特点
可口松软
营养丰富

主料： 面粉 700 克，面肥 120 克
配料： 碱面 3 克

操作步骤

①面肥用水稀释后加入面粉和成面团，醒 4 小时，将发好的面添加碱面和薄面揉匀。

②揪成大小均匀的剂子，揉成馒头，醒 20 分钟，放入笼屉中。

③凉水入锅，中火烧开转大火蒸 25 分钟后，焖 3~5 分钟即可。

操作要领

为了避免馒头回缩，蒸好关火后，不能马上开锅盖，要焖几分钟。

营养贴士

面粉富含蛋白质，脂肪、碳水化合物和膳食纤维，具有养心益肾、健脾厚肠、除热止渴的功效。

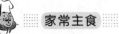

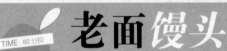

视觉享受：★★★★ 味觉享受：★★★★ 操作难度：★★★

培根土豆饼

TIME 50 分钟

菜品特点
营养丰富
味道极佳

主料： 土豆 2 个，培根 4 片，面粉适量

配料： 橄榄油 60 克，黑胡椒 3 克，精盐 1 克，葱花适量

操作步骤

①土豆洗净，切细丝，放入面粉中，加少量水搅拌均匀；培根切小块。

②锅中倒入少量橄榄油，大火烧至四成热，放入培根片，改中火煸炒出油后盛出。

③将炒好的培根块、葱花放入有土豆丝的面粉中，加精盐和黑胡椒，充分搅拌均匀。

④锅中倒橄榄油，烧至七成热，放入拌好的面糊，用勺压成饼状，煎至两面金黄色，取出切块即可。

操作要领

可以根据个人喜好，在面糊中加入鸡蛋。

营养贴士

培根具有健脾、开胃、祛寒、消食等功效。

主料： 地瓜 300 克

配料： 面粉、白糖、植物油各适量

操作步骤

①地瓜洗净切片蒸熟，放凉去皮，手抓成泥，加入面粉和少许白糖，揉成软硬合适的面团。

②揪适量面团，揉圆后拍扁成圆形，锅底倒入少许植物油，将饼坯放入，煎至双面金黄上色均匀即可。

操作要领

根据地瓜的甜度来决定放多少糖。

营养贴士

地瓜富含蛋白质、淀粉、果胶、纤维素、氨基酸、维生素及多种矿物质，有“长寿食品”之誉，具有抗癌、保护心脏、预防肺气肿、糖尿病、减肥等功效。

视觉享受：★★★★★ 味觉享受：★★★★★ 操作难度：★★

地瓜饼

TIME 25 分钟

菜品特点
色泽金黄
香味醇厚

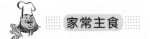

土家酱香饼

TIME 50分钟

菜品特点：辣而不辛 咸香松脆

视觉享受：★★★★
味觉享受：★★★★★
操作难度：★

主料： 面粉 300 克

配料： 植物油 30 克，郫县豆瓣酱、甜面酱、蒜蓉辣酱各 10 克，孜然粉、花椒粉、八角粉各 5 克，熟芝麻、冰糖、葱花各适量

操作步骤

①一半面粉加开水，搅拌至水分消失，揉成团；一半面粉加凉水，搅拌至水分消失，揉成团，将两种面团揉成一个大面团，醒 30 分钟。

②炒锅放油，加几颗冰糖，当冰糖化掉时，放入三种酱（郫县豆瓣酱要事先剁碎一点），小火炒香，放小半碗水烧开，放适量孜然粉、花椒粉、八角粉，中火煮成稀粥状时关火。

③将芝麻放入锅中，小火炒香，一半碾成芝麻碎，其余备用。

④将醒好的面团分成 3 份，取其中一份擀成大薄片撒上花椒粉和熟芝麻碎，卷起后收紧两头，向相反方向旋转，压成圆饼，擀成薄圆饼，放入预热好的电饼铛中，烙至两面微黄，刷上炒好的酱，撒上熟芝麻、葱花，盖上盖再烙 2 分钟，出锅切小块即可。

操作要领

炒的酱不要太干，否则不好往饼上刷，也不要太稀。

营养贴士

此饼具有养心益肾、健脾厚肠、除热止渴等功效。

视觉享受：★★★★ 味觉享受：★★★★ 操作难度：★

黑米馒头

TIME 45 分钟

菜品特点

清香松软
营养丰富

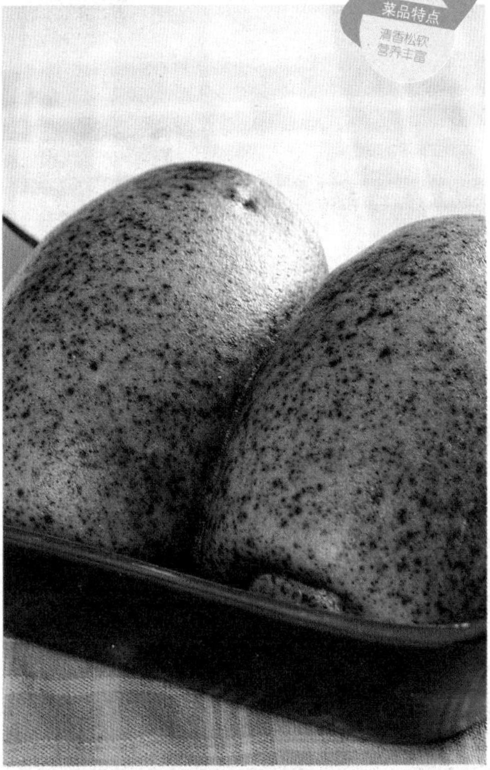

主料： 小麦面粉 1000 克，黑米面 60 克

配料： 酵母水 4 克

操作步骤

①将小麦面粉与黑米面以 6∶1 的比例混合均匀，加入化好的酵母水，揉成面团，静置发酵至 2 倍大。

②将面团揉均匀，分成大小相同的剂子，拌成团状，醒发 15 分钟，上锅蒸 30 分钟即可。

操作要领

发酵至 2 倍大时再揉均匀，是为了将发酵产生的气排出。

营养贴士

黑米有滋阴补肾、健身暖胃、明目活血、清肝润肠、滑湿益精、补肺缓筋等功效。

主料： 面粉 1000 克

配料： 酵面 100 克，小苏打粉适量，熟猪油、熟菜籽油各少许

操作步骤

①将面粉放在案板上，中间扒个窝，加入酵面、清水揉匀，用湿布盖好，待发酵后，加入小苏打粉揉匀，搓成长条，揪成 20 个剂子。

②每个剂子分别揉后，用很少一点面沾熟猪油包入面剂内搓成圆团，按扁，用擀面杖擀成圆饼，即成锅魁生坯。

③鏊子上炉，烧至七成热时，抹一遍熟菜籽油，放上锅魁生坯，用手来回转动，烙至皮硬、略起芝麻点时，放入炉内烘烤至熟即成。

操作要领

小苏打粉用量要适当，如果用量过多，面团易发黄。

营养贴士

面粉富含蛋白质、碳水化合物、维生素和钙、铁、磷、钾、镁等矿物质。

视觉享受：★★★★★ 味觉享受：★★★★★ 操作难度：★★

白面锅魁

TIME 30 分钟

菜品特点

外酥内松
面香味浓

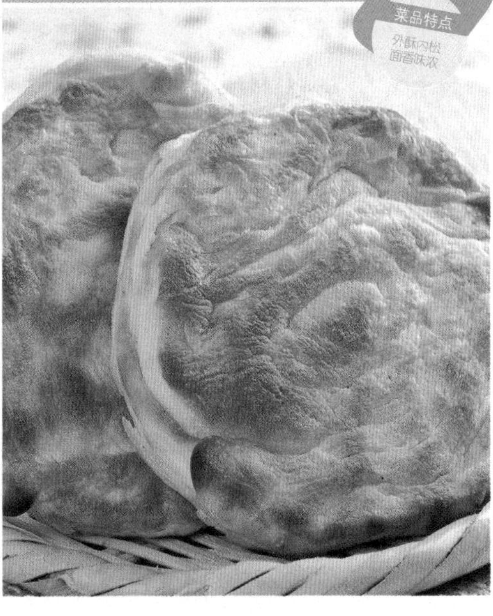

炸馍片

TIME 15分钟

视觉享受：★★★★
味觉享受：★★★★★
操作难度：★

菜品特点
金黄酥香
简单易做

主料： 馒头适量
配料： 淀粉10克，胡椒粉、五香粉、精盐、孜然、花生油各适量

操作步骤

①馒头切成片；碗中放入10克淀粉，加入半碗清水搅拌均匀，放入胡椒粉、五香粉、精盐搅拌均匀。

②锅中放花生油，油八成热时将切好的馍片迅速在碗中浸一下拿出，放入油锅里炸至两面金黄，控油捞出，撒上孜然和精盐即可。

操作要领

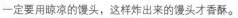

一定要用晾凉的馒头，这样炸出来的馒头才香酥。

营养贴士

面粉有养心益肾、健脾厚肠、除热止渴的功效。

视觉享受：★★★★ 味觉享受：★★★★★ 操作难度：★

葱花鸡蛋饼

TIME 20分钟

菜品特点 软嫩可口 老少皆宜

主料： 面粉100克，鸡蛋1个

配料： 葱花20克，精盐、五香粉、植物油各少许

操作步骤

①鸡蛋在碗中打散，加入水、面粉、葱花、五香粉、精盐调匀成面糊。

②平底锅烧热，加入少许油，将面粉液倒入锅内，拿着锅把按逆时针方向摇晃，使鸡蛋液慢慢扩散变薄、成型。

③鸡蛋饼烙一会儿，用铲子翻面，烙一下反面，出锅即可。

操作要领

面糊一定要稀，否则烙出来的鸡蛋饼不会薄。

营养贴士

鸡蛋蛋白质的氨基酸比例很适合人体生理需要，易为机体吸收，利用率高达98%以上，营养价值很高。

主料： 豆渣400克，面粉250克

配料： 食用油50克，白糖45克，鸡蛋2个，奶粉15克，苏打粉3克，泡打粉、黑芝麻各适量

操作步骤

①豆渣放入干净的盆内，放入鸡蛋、白糖、食用油、奶粉，其他粉类混合过筛也一起放入盆内拌匀成面糊。

②烤箱预热到200℃，将面糊用勺子在油纸上摊成拳头大的小饼，在小饼上撒适量黑芝麻，放入烤箱，烤25分钟左右即可。

操作要领

小饼注意大小、薄厚的匀称，否则会受热不均。

营养贴士

豆渣能降低血液中胆固醇含量，减少糖尿病病人对胰岛素的消耗。

视觉享受：★★★★★ 味觉享受：★★★★★ 操作难度：★

豆渣香酥饼

TIME 20分钟

菜品特点 清香可口 营养丰富

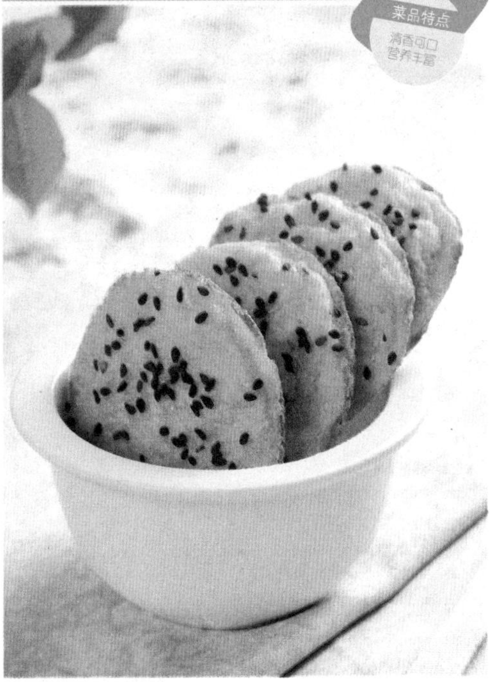

小米面发糕

TIME 30分钟

视觉享受：★★★★★
味觉享受：★★★★★
操作难度：★

菜品特点
暄软可口
香气宜人

主料： 面粉900克，小米面300克

配料： 酵母粉5克，牛奶250克，葡萄干、玉米粒、红小豆各适量

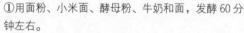

操作步骤

①用面粉、小米面、酵母粉、牛奶和面，发酵60分钟左右。

②面团发好后加入葡萄干、玉米粒，将面团揉匀，做成圆形，在面团上放上几粒红小豆，静置10分钟左右，使其再发酵，发好的面团上锅蒸30分钟即可。

操作要领

根据个人喜好，可以放些大枣。

营养贴士

此主食富含磷、铁、钙、脂肪、维生素 B_1、维生素 B_2、胡萝卜素、尼克酸及蛋白质等，适宜孕妇和缺铁性贫血患者食用。

视觉享受：★★★★★ 味觉享受：★★★★★ 操作难度：★

春饼

TIME 15分钟

菜品特点：制作简单 柔韧筋道

主料： 面粉300克

配料： 植物油适量

操作步骤

①面粉加水和成光滑的面团，盖上保鲜膜静置30分钟，将面团揉成长条，切成小剂按扁，每一面刷涂一层油，2张摞在一起，擀薄、擀大。

②将10张饼一起放入蒸锅大火蒸10分钟，稍晾凉后一层层揭开即可。

操作要领

根据自己的喜好，选择一些蔬菜和肉类，用春饼卷着吃，不仅营养丰富，而且柔韧、耐嚼。

营养贴士

面粉富含蛋白质、脂肪、碳水化合物和膳食纤维。

主料： 菜脯50克，鸡蛋3个，面粉少许

配料： 虾皮20克，韭菜少许，油适量

操作步骤

①菜脯用清水冲净，切成细丁；虾皮用清水泡发，挤干水备用；韭菜洗净去根，切成细末；鸡蛋打入面粉中，调成蛋液。

②取一平底锅，放油烧热，倒入虾皮以中小火炒2分钟，至呈微黄色，捞起沥干油。

③倒入菜脯丁，以中小火炒干其水分，捞出后与虾米、韭菜末一同放入蛋液中拌匀。

④将面糊倒入锅中，以小火煎至底部凝固，翻面续煎15秒捞出，用厨房纸吸干菜脯煎蛋饼上的余油即可。

操作要领

菜脯本身有咸味，因此不用再往蛋液中加盐。

营养贴士

此饼具有补肺养血、滋阴润燥等功效，对于气血不足、热病烦渴具有食疗效果。

视觉享受：★★★★★ 味觉享受：★★★★★ 操作难度：★

菜脯煎鸡蛋饼

TIME 15分钟

菜品特点：香口爽脆 风味绝佳

悠馓

TIME 50分钟

视觉享受：★★★★
味觉享受：★★★★
操作难度：★★★

菜品特点
粗细均匀
香脆爽口

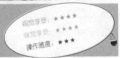

主料： 精面粉500克

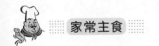

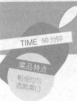

配料： 精盐10克，菜籽油1500克（约耗150克），黑芝麻少许

操作步骤

①将精面粉倒在案板上，碗内加精盐、清水溶化，倒入面粉中和匀揉透，在面团上薄刷一层菜籽油，搓成拇指粗的圆条，分层盘叠在盆内，盘完后，倒在案板上，搓成筷子粗的圆条，同样盘叠在盆内，盖上湿布醒20分钟。

②左手四指并拢，掌心朝内，将醒好的圆条一端放左手食指上侧，用拇指压住，右手将圆条在左手四指上由外向内绕7圈掐断，将断头同样用左手拇指压住；左手拇指和食指捏住整个面圈，松出另外三指，右手四指再伸入圈内，两手自然放松，上下一紧一松地将面圈抻至约20厘米长，然后改由另一人双手各执一根竹筷撑住面圈。

③锅内加菜籽油，烧至八成热，面圈上撒少许黑芝麻，入锅炸至面圈稍硬后，左手筷子挑住面圈轻轻朝外一扭，使面圈扭成一个“∝”形，抽出筷子，迅速拨动翻炸至金黄色，捞出沥油即可。

操作要领

圆条盘叠在盆内时，盘一层刷一次油，以防相互粘连。

营养贴士

面粉性凉、味甘，有养心益肾、健脾厚肠等功效。

视觉享受：★★★★ 味觉享受：★★★★ 操作难度：★

香椿烘蛋饼

TIME 10分钟

菜品特点 蛋香浓郁 香椿清香

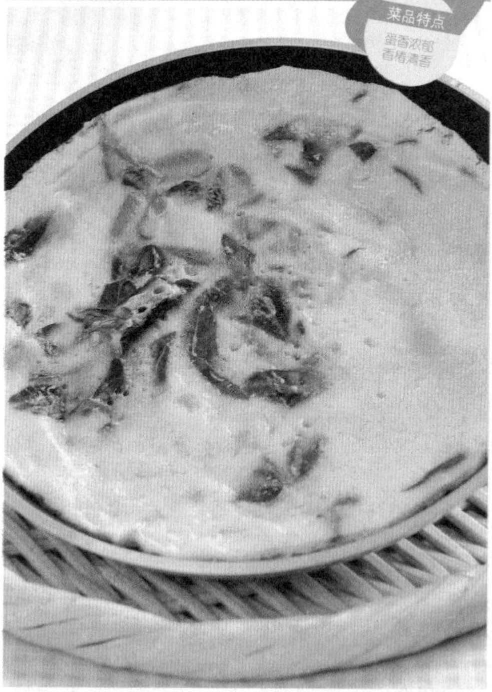

主料： 面粉 125 克，香椿 1 把，鸡蛋 2 个

配料： 食用油、食盐、十三香各少许

操作步骤

①香椿取鲜嫩的枝叶清洗干净，用开水焯烫一下，切成约 1 厘米的段；将鸡蛋磕入面粉中，加水调成面糊，放入装香椿的碗中，加少许十三香、食盐，加 15 克清水充分搅打均匀。

②平底锅置火上，刷一层薄薄的食用油，锅稍热后倒入适量搅拌好的面糊，盖锅盖焖 1 分钟左右，出现蜂窝，全部凝固即可。

操作要领

如果担心不熟，可以翻面稍微煎一会儿。

营养贴士

香椿具有开胃健脾、抗衰老、美容、清热利湿、祛虫疗癣等功效。

主料： 细玉米面 320 克

配料： 黄豆粉 160 克，大枣适量

操作步骤

①将细玉米面、黄豆粉混合加入温水，放入切碎的大枣揉成面团，揉匀后搓成圆条，再揪成面剂。

②在捏窝头前，右手先蘸点凉水，擦在左手心上，取面剂放在左手心里，用右手指揉捻几下，将风干的表皮捏软，再用两手搓成球形，仍放入左手心里。

③右手蘸点凉水，在面球中间钻 1 个小洞，边钻边转动手指，左手拇指及中指同时协同捏拢，将窝头上端捏成尖形，直到窝头捏到 0.3 厘米厚，且内壁外表均光滑，上屉用武火蒸 20 分钟即成。

操作要领

和面时宜用温水，最好不要用冷水。

营养贴士

窝头多用玉米面或杂合面做成，含有丰富的膳食纤维，能刺激肠道蠕动，可预防动脉粥样硬化和冠心病等心血管疾病。

视觉享受：★★★★ 味觉享受：★★★★ 操作难度：★★

小窝头

TIME 40分钟

菜品特点 色泽金黄 简单易做

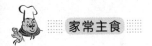

韭菜鸡蛋薄饼

TIME 15分钟

菜品特点

味道鲜美
风味独特

视觉享受：★★★★
味觉享受：★★★★★
操作难度：★

主料： 韭菜30克，鸡蛋55克，面粉50克

配料： 油、精盐各适量

操作步骤

①韭菜洗净切细末，与面粉和鸡蛋混合，加入水和精盐，调成较稀的面糊。

②电饼铛预热刷油，倒入适量面糊，将面糊迅速摊薄，成熟后即可出锅，切成长条状卷起即可。

操作要领

可以根据自己喜好，多放或少放一些韭菜。

营养贴士

鸡蛋具有润燥、增强免疫力、护眼明目等功效。

视觉享受：★★★★ 味觉享受：★★★★ 操作难度：★

农家贴饼子

TIME 30分钟

菜品特点：色泽金黄 营养健康

主料：粗玉米粉120克，小米粉100克，黄豆粉80克

配料：酵母粉2克，植物油适量

操作步骤

①把粗玉米粉、小米粉和黄豆粉加水和酵母粉，揉成面团，醒发30~50分钟，醒发至1.5倍左右，用手团成小的面团。

②铁锅放少半锅水烧开，把小饼按扁贴在锅边上，15分钟左右即熟。

③熟后用铲子铲出直接放入盘中即可。

操作要领

根据个人喜好，可以在和面时加入一些鲜玉米浆，可以让玉米香更浓。

营养贴士

玉米中含有大量的营养保健物质，除了含有碳水化合物、蛋白质、脂肪、胡萝卜素外，还含有核黄素等营养物质。

主料：小馒头6个

配料：色拉油适量

操作步骤

①将小馒头切3刀，切成馒头花，不要切断。

②热锅，倒入色拉油烧至八成热，将小馒头放入油锅，开小火持续翻动馒头，以小火持续炸至馒头表面金黄即可。

操作要领

入油锅炸的馒头不限任何口味，但为了表面颜色好看，建议使用白色或黄色的小馒头，炸出来的颜色才会好看。

营养贴士

馒头有利于保护胃肠道，胃酸过多，胀肚、消化不良而致腹泻的人吃馒头，会感到舒服并减轻症状。

视觉享受：★★★★ 味觉享受：★★★★ 操作难度：★

炸小馒头

TIME 15分钟

菜品特点：色泽金黄 口感香脆

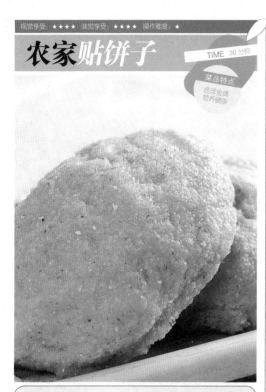

糖盐烧饼

TIME 35 分钟

视觉享受：★★★★
味觉享受：★★★★★
操作难度：★★★

菜品特点
色泽金黄
香甜酥肥

主料： 精面粉 800 克

配料： 酵面 150 克，绵白糖 750 克，精盐、五香粉各 15 克，食碱 10 克，菜籽油 100 克

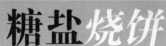

操作步骤

①将绵白糖放在案板上，加入精盐、五香粉和清水，再放入 150 克面粉拌匀，即成糖馅料。

②剩余的面粉置案板上，加入酵面和食碱拌和，再加入温水揉匀成团，放入盆内，添沸水盖过面团，静置 10 分钟后滗去水，取出置案板上揉透，盖上湿布醒 30 分钟。

③面醒好后，搓成长条，揪成剂子，逐个用擀面杖擀成一端约 6.6 厘米宽、一端约 5 厘米宽、33 厘米长的梯形面皮，薄刷一层菜籽油，在面皮宽的一端中间放上 15 克糖馅，将前面的面皮向内覆卷，盖在馅料上，折口处压紧，再刷一层菜籽油，从大的一端朝另一端卷起成筒，竖放在案板上，用手轻轻压成直径约 10 厘米的圆饼生坯，放在烤盘内，入炉烘烤熟即成。

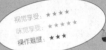

操作要领

糖馅要用手反复搓擦，搓至用手抓捏成团、放下散开为宜。

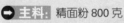

营养贴士

白糖有润肺生津、止咳、和中益肺、舒缓肝气、滋阴、调味等功效。

视觉享受：★★★★ 味觉享受：★★★★ 操作难度：★★

口袋饼

TIME 25分钟

菜品特点

操作简单 营养美味

主料： 高筋面粉580克

配料： 酵母粉12克，植物油、玉米粉各适量

操作步骤

①将高筋面粉加酵母粉和水揉成面团，揉到表面光滑，分割成每份100克大小的面团，滚圆，盖上保鲜膜醒10分钟。

②桌上撒上玉米粉，将面团擀开，在饼的表面涂上一层油，然后把单饼对折，去掉不规则的边角，从中间等分切开，切成两个正方形，每个正方形的边用筷子压实，放入烤箱，250℃下烘烤10分钟即可。

③口袋饼对半切开，填入喜欢的材料即可。

操作要领

也可以将正方形的边捏成花边。

营养贴士

植物油主要含有维生素E、维生素K及钙、铁、磷、钾等矿物质，还有脂肪酸等。

主料： 大酵面面团、碱面各适量

配料： 红糖、熟面粉各适量

操作步骤

①红糖、熟面粉拌匀，制成糖馅备用。

②将大酵面面团兑好碱面，充分揉均匀，揪成大小均匀的剂子，擀成中间厚、四周薄的面皮，每个面皮内包入30克红糖馅，收口成三角形状的坯子。

③把生坯放入笼屉内醒10分钟左右，用旺火蒸20分钟出笼即可。

操作要领

不可直接用红糖做馅，一定要和熟面粉混合才好。

营养贴士

红糖性温、味甘，有益气补血、健脾暖胃、缓中止痛、活血化瘀等功效。

视觉享受：★★★★ 味觉享受：★★★★ 操作难度：★

糖三角

TIME 30分钟

菜品特点

表皮暄软 入口绵甜

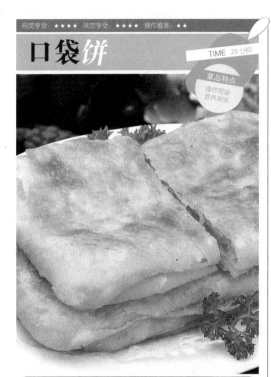

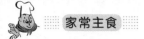

韭菜煎蛋饼

视觉享受：★★★★
味觉享受：★★★★
操作难度：★

TIME 15分钟

菜品特点
色泽金黄
营养美味

主料： 韭菜100克，鸡蛋5个
配料： 花生油、精盐各适量，鸡精少许

操作步骤

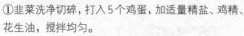

①韭菜洗净切碎，打入5个鸡蛋，加适量精盐、鸡精、花生油，搅拌均匀。

②锅内热油，倒入搅拌好的鸡蛋液，转小火，煎至两面凝固上色即可。

操作要领

煎的时候要用小火慢慢煎，不然很容易焦。

营养贴士

韭菜具有温中、补肾、解毒等功效；鸡蛋具有润燥、增强免疫力、护眼明目等功效。

精美馅类

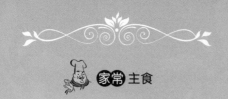

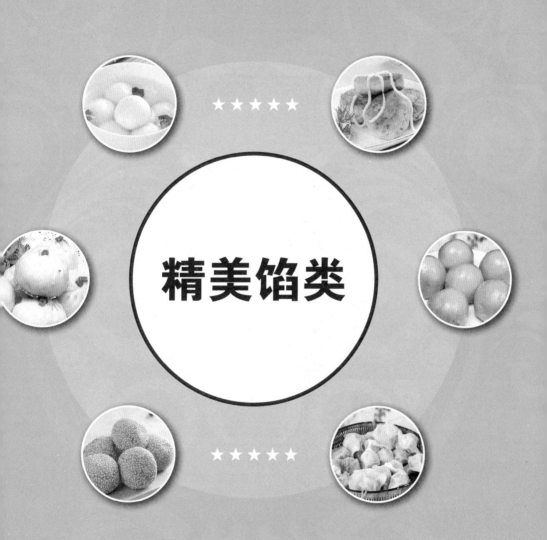

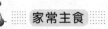

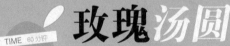

玫瑰汤圆

TIME 60分钟

视觉享受：★★★★
味觉享受：★★★★
操作难度：★

菜品特点
香甜爽口
健康美味

主料：干面粉5克，糯米粉适量

配料：白糖45克，色拉油、干玫瑰花、熟芝麻各适量

操作步骤

①将干玫瑰去掉花托，用手捻碎，用少许热水泡一下；将熟芝麻擀碎，放入玫瑰花碎中，加45克白糖、5克干面粉、5克色拉油，拌成干一点的馅。

②将糯米粉用开水烫，边烫边用筷子搅，水不要多，干爽一些，不烫手时加入色拉油揉成面团。

③揪成小剂揉成小圆球，做成窝形，包上玫瑰馅，揉圆成汤圆生坯，放沸水中煮至汤圆漂起关火，撒干玫瑰花瓣即可。

操作要领

芝麻不用太碎，出香味就行。

营养贴士

玫瑰花味辛、甘，性微温，具有理气解郁、化湿和中、活血散瘀等功效。

视觉享受：★★★★ 味觉享受：★★★★ 操作难度：★★

煎饼盒子

TIME 20分钟

菜品特点
简单易做
酥脆鲜香

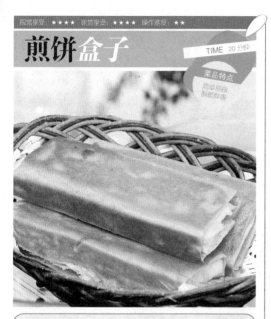

主料： 袋装煎饼1袋，韭菜、干豆腐各适量，鸡蛋2个

配料： 虾皮、植物油、精盐、鸡精、香油各适量

操作步骤

①将韭菜择洗干净，切碎；干豆腐切成细小的粒；鸡蛋煎熟切碎备用。

②把韭菜和干豆腐、虾皮、鸡蛋碎放在一个小盆中，加入植物油、精盐、鸡精，再滴点香油拌匀即可。

③在煎饼的1/3处铺匀韭菜馅，卷成长方形的卷。

④平锅中放少量植物油烧热，放入卷好的煎饼，用小火，把一面煎成金黄色，再翻过来煎另一面，然后切段即可。

操作要领

用韭菜做馅时，放盐后会渗出一些汁液，可以在里面放些干豆腐，它能吸收一些韭菜的汁液，也能中和一下韭菜的辛辣味。

营养贴士

韭菜性温，能温肾助阳、益脾健胃，多吃韭菜可养肝、增强脾胃之气。

主料： 面粉200克，玉米面100克

配料： 酵母粉5克，东北酸菜1袋，精盐、葱末、鸡精、香油、姜粉、五香粉、猪油渣各适量

操作步骤

①玉米面和面粉掺和后，加酵母粉和水揉成光滑的面团，醒发至2倍大。

②东北酸菜用水清洗攥干后切成碎末，猪油渣切成碎末放到碎酸菜中，放入葱末、姜粉、五香粉、精盐、鸡精、香油等调料拌匀制成菜馅；发好的面团切成剂子，用手压扁后包入菜馅，收口团好。

③将包好的菜团子放入笼屉，冷水上锅，中小火烧10~15分钟，转大火烧开后旺火蒸10分钟即可。

操作要领

和面时也可先将玉米面用开水烫过再掺入面粉和好，这样发出来的面就不会过于松散，也好包一些。

营养贴士

玉米面是粗纤维食物，不仅营养丰富，还有清理肠道的功效。

视觉享受：★★★★ 味觉享受：★★★★ 操作难度：★★

菜团子

TIME 30分钟

菜品特点
色泽鲜亮
营养健康

煎鸡饼

TIME 35分钟

视觉享受：★★★★
味觉享受：★★★★
操作难度：★

菜品特点
外酥里嫩
鲜香可口

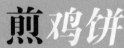

主料： 鸡胸脯肉150克，肥膘肉150克

配料： 鸡蛋清25克，糯米60克，蚕豆淀粉30克，花生油40克，黄酒10克，荸荠50克，葱、姜、精盐、味精各适量

操作步骤

①鸡胸脯肉去筋膜，同肥膘肉一起剁成泥，放盆中；糯米淘洗干净，入锅蒸熟，碾成泥；荸荠削皮洗净，切成丁；葱、姜均切丝。

②鸡肉泥、肥膘肉泥内加鸡蛋清、蚕豆淀粉、荸荠丁、糯米泥、黄酒、味精、精盐拌匀，制成馅料。

③炒锅放中火上，加少许花生油，将馅料挤成核桃般大小的丸子，均匀摆入锅中，再加油煎制，待一面煎成柿黄色时，将余油滗出，鸡饼翻身，再加油煎制另一面，煎至柿黄色，将葱丝、姜丝撒上，炸出香味，摆放盘中，挤上炼乳即可。

操作要领

煎锅必须先烧热，再用凉油刷一下，然后下入主料煎制，才不会粘锅。

营养贴士

此饼有强身健体、提高免疫力、补肾精、促进智力发育、清热解毒等功效。

视觉享受：★★★★★ 味觉享受：★★★★★ 操作难度：★★

肉火烧

TIME 60分钟

主料： 面粉、羊肉各适量

配料： 花生油、明矾、芝麻油、花椒水、精盐、黄酱、姜汁、葱花各适量

操作步骤

①将羊肉洗净，剁碎，和花椒水一起放入盆内，加入精盐、黄酱、姜汁和适量凉水拌匀，再放入葱花、芝麻油拌匀成馅。

②锅内涂上花生油，倒入凉水，用旺火烧沸，放入明矾，溶化后放入面粉搅拌烫熟，立即取出，晾温后放在涂有花生油的案板上揉匀，盖上湿布醒30分钟。

③将醒好的熟面放在案板上搓成直径3.5厘米的圆条，揪剂摁成圆皮，包上馅成桃状，揪去收口处的面头，摁成圆饼。

④电饼铛里擦少许油，放入肉饼，上面也抹油，盖盖烙至两面金黄即可，中间可多翻面几次。

操作要领

明矾只要放一点点就行，多了有可能对身体造成伤害。

营养贴士

羊肉具有温补脾胃、温补肝肾、补血温经、保护胃黏膜等功效。

主料： 面粉350克，带皮五花肉500克

配料： 植物油15克，姜片、葱段、冰糖、老抽、生抽、料酒、桂皮、八角、草果、小茴香、豆蔻、青椒、红椒、甜椒各适量

操作步骤

①青椒、红椒洗净剁碎；甜椒洗净切片备用。

②面粉和成面团，发好后醒10分钟，醒好后分成小剂子，每个剂子揉圆再醒5分钟，然后擀成0.6厘米的圆饼，中火烧热平底锅，将饼坯放进去烙熟。

③带皮五花肉入滚水中氽烫5分钟，捞起冲净切大块；炒锅入植物油，加碾碎的冰糖，小火炒黄，转大火放五花肉翻炒至上色，放姜片、葱段、老抽、生抽炒出油，放料酒、桂皮、八角、草果、小茴香、豆蔻炒出香味后，加水烧开转小火炖至肉烂即可。

④做好的五花肉剁成丁，与青椒、红椒碎混合均匀，馍平切成夹子，夹入甜椒片、混合好的肉丁即可。

操作要领

面粉揉成面团后，要先醒一段时间。

营养贴士

猪肉可提供血红素，能改善缺铁性贫血。

视觉享受：★★★★★ 味觉享受：★★★★★ 操作难度：★★

肉夹馍

TIME 60分钟

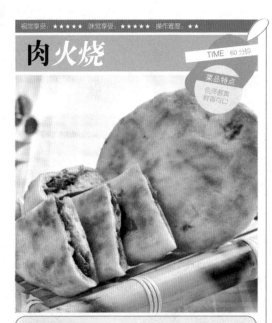

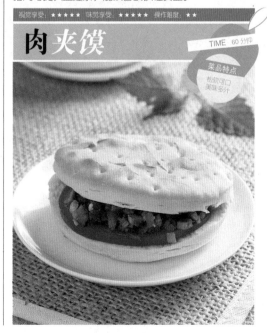

麻团

TIME 20分钟

视觉享受：★★★★★
味觉享受：★★★★★
操作难度：★★

菜品特点
外脆内糯 甜香可口

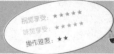

主料： 糯米粉 250 克，红豆沙 80 克
配料： 白芝麻 80 克，白糖 50 克，泡打粉 1 克，色拉油适量

操作步骤

①白糖放入碗里，加温水搅拌至溶化，筛入糯米粉和泡打粉，加 5 克色拉油和适量温水，拌匀后和成光滑的面团，将面团分成等量的剂子，取一个按扁后包入红豆沙，搓成圆球。

②搓好的圆球放在盛有芝麻的碗里，多滚几圈，使其均匀裹上芝麻，最后再用手团紧按压一下，防止芝麻掉下。

③锅中倒入色拉油，六成热时放入麻团，小火炸约 15 分钟，炸的过程中要不停用铲子翻动麻团，使其均匀受热，等麻团体积变大浮起来，呈金黄色时捞出，再用厨房纸巾吸掉多余油分即可。

操作要领

搓好的圆球放在芝麻碗里要多滚几圈，芝麻要裹均匀且压紧。

营养贴士

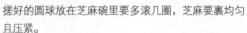

中老年人经常食用麻团可以调节体内的胆固醇含量，抑制人体衰老。

视觉享受：★★★★★ 味觉享受：★★★★★ 操作难度：★★

猪肉生煎包

TIME 30分钟

菜品特点：鲜香多汁 外酥里嫩

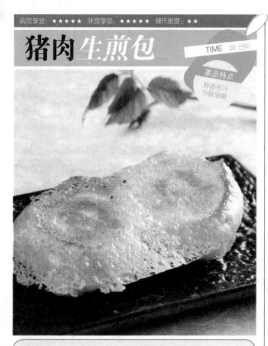

主料： 面粉500克，猪肉馅150克

配料： 植物油、骨头汤、葱末、姜末、精盐、胡椒粉、味精、白糖、酱油、料酒、香油、泡打粉各适量

操作步骤

①面粉加泡打粉和水揉成面团，醒发备用。

②猪肉馅中加入姜末、胡椒粉、酱油、精盐、味精、白糖、骨头汤、料酒、香油搅拌均匀，最后加入葱末拌匀备用。

③面团取出揪成等量剂，包馅制成包子，表面抹一点水，待煎锅中的植物油烧至六成热时放入，底部煎至微黄翻转过来，两面都微黄后，冲入热水，没过包子的1/3，加盖焖3分钟即可。

操作要领

生煎包的烹饪方法就是用半煎半蒸的方式使包子变熟，在煎包子时淋水就是利用水汽加快熟的速度，并确保熟透。

营养贴士

该生煎包具有滋阴润燥、除热止渴、发汗解表、润肺生津等功效。

主料： 黄米面、干面粉各适量

配料： 红小豆、酵母粉、白糖、植物油、桂花酱各适量

操作步骤

①将黄米面放入盆中，加入300克60℃的温水，将其和成面团，待凉后，把酵母粉用水化开，再加入干面粉，倒入黄米面中和匀，醒几个小时。

②红小豆淘洗干净，放入高压锅中压15分钟，压好后开盖加入白糖、少许植物油，用力将红豆捣碎，放入适量桂花酱搅拌成豆沙。

③将面团取出制成包子皮，包好豆沙馅，入锅蒸12～15分钟即可。

操作要领

黄米面和面不要太硬，略软一些比较好。

营养贴士

黄米富含蛋白质、B族维生素、锌、锰等营养元素，具有维持大脑功能、提供膳食纤维、节约蛋白质、解毒、增强肠道功能等作用。

视觉享受：★★★★★ 味觉享受：★★★★★ 操作难度：★★

黏豆包

TIME 35分钟

菜品特点：色泽金黄 软甜不腻

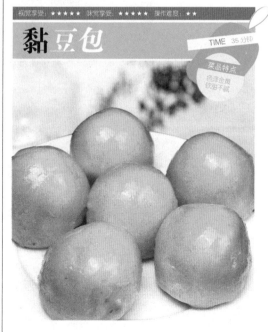

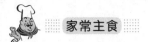

菠菜素包

TIME 40分钟

视觉享受：★★★★★
味觉享受：★★★★★
操作难度：★★

菜品特点
清香可口
制作简便

主料： 菠菜500克，自发粉适量

配料： 食盐、调和油、香油各适量

操作步骤

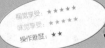

①自发粉用温水和面，醒发1小时；菠菜洗净，焯烫，切末。

②菠菜加入调和油、食盐、香油搅拌均匀。

③面团搓成长条状，再揪出面剂，擀成皮，包上菠菜馅，从一端开始拧褶，最后成形，上锅蒸熟即可。

操作要领

自发粉要用温水和面。包子蒸好停火后，不要急于开盖，焖2分钟再开。

营养贴士

菠菜含有维生素A、维生素B、维生素C、维生素D、胡萝卜素、蛋白质、铁、磷、草酸等。

视觉享受：★★★★ 味觉享受：★★★★ 操作难度：★★★

白菜猪肉包

TIME 40分钟

菜品特点：咸鲜美味 营养丰富

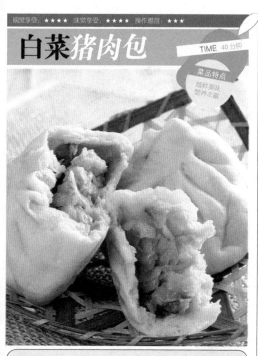

主料： 面粉250克，猪绞肉300克，白菜200克

配料： 酵母5克，精盐、花椒粉、香油、酱油、姜末、葱末各适量

操作步骤

①将面粉、酵母、温水混合，和面，揉成光滑面团，发酵至2倍大。

②将面团排气，分割成2份，分别揉成长条，切成小剂子，擀成圆形面皮。

③发酵的同时，在猪绞肉中放入姜末、葱末、花椒粉、精盐、香油、酱油，搅拌至充分融合；将白菜洗净剁碎攥干水分，放入肉馅中拌匀。

④将拌好的馅料放在面皮上，包成包子，放入蒸锅中，先醒15分钟，开大火至锅开后转中火，上汽约15分钟后即可。

操作要领

拌肉馅时要顺一个方向搅动。

营养贴士

白菜具有除烦、利水、清热解毒等功效。

主料： 干面粉、鸡蛋、韭菜各适量

配料： 酵母粉1克，泡打粉2克，胡萝卜、水豆腐、粉条、精盐、植物油各适量

操作步骤

①韭菜洗净，沥干水，切段，鸡蛋打散，水豆腐和胡萝卜切小丁，粉条提前泡软切碎，将以上材料混合在一起，加植物油、精盐等调料搅拌均匀。

②干面粉加酵母粉和泡打粉，加入40℃的温水，揉成一个光滑的面团，醒一会。醒好后继续揉，将里面的气泡揉除后，揉成长条状，切成小剂子。

③把面剂子擀成中间厚四周薄的面片，把馅料包进面片中，捏褶收口；在篦子上刷一层植物油，冷水大火上锅蒸，冒气后继续大火蒸5分钟，再转小火25分钟后关火，焖5分钟开盖即可。

操作要领

选面粉时要注意，饺子粉和高筋粉是不适合包包子、蒸馒头的，这类面粉适合做手擀面和饺子皮用。

营养贴士

韭菜具有健胃、提神、止汗固涩、补肾壮阳、固精等功效。

视觉享受：★★★★★ 味觉享受：★★★★★ 操作难度：★★

三鲜包子

TIME 40分钟

菜品特点：鲜香清淡 味美可口

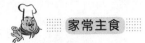

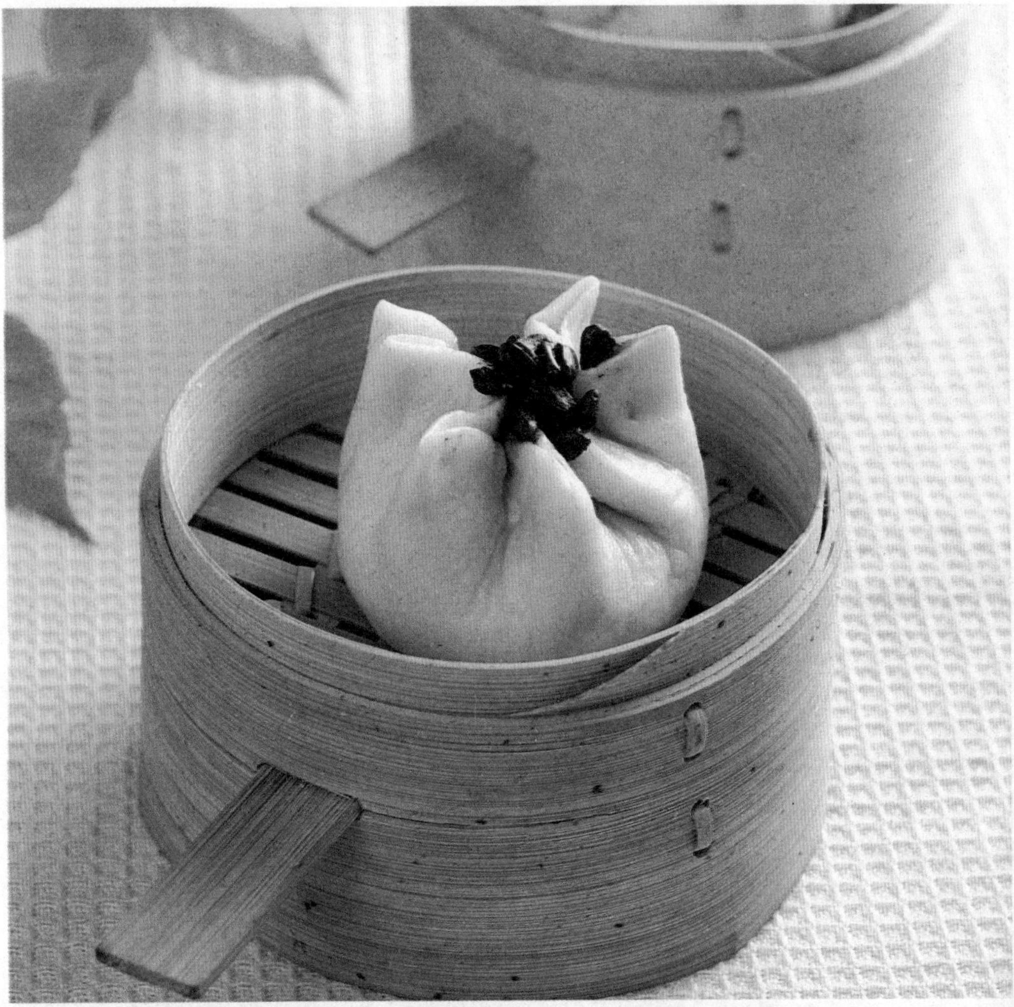

黑米包

TIME 20分钟

视觉享受：★★★★★
味觉享受：★★★★★
操作难度：★★

菜品特点
形如石榴
馅多皮薄

主料： 发酵面团 500 克，黑米 300 克
配料： 白糖适量

操作步骤

①将黑米蒸熟，加入白糖搅拌均匀，晾凉。

②取发酵面团搓条，下剂，擀皮。

③用匙板将黑米包入皮内，做成烧卖形状的包子生坯，醒发后上笼，以旺火蒸 10 分钟即成。

操作要领

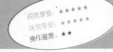

蒸时要用旺火。

营养贴士

黑米具有滋阴补肾、健脾暖肝、明目活血等功效。

视觉享受：★★★★★ 味觉享受：★★★★★ 操作难度：★★

素包子

TIME 30分钟

菜品特点：清香美味 老少皆宜

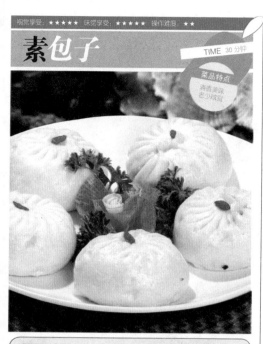

主料： 面粉300克，卷心菜1/2个，香菇10朵，鸡蛋2个

配料： 胡萝卜1根，黑木耳10克，魔芋丝1包，精盐、姜末、鸡精、香油、白胡椒粉、植物油、枸杞各适量

操作步骤

①面粉揉成面团醒好。

②卷心菜、胡萝卜、香菇、黑木耳切碎，魔芋丝稍微切一下，鸡蛋多放油炒散，一起混匀成馅，并放入香油、姜末、精盐、鸡精、白胡椒粉、植物油调味。

③将发好的面揉均匀，分成小剂子，包入馅料，把枸杞放在包好的包子上。

④包好的包子放入蒸锅醒15分钟左右，冷水上屉蒸，蒸好以后不能马上掀盖子，稍微冷了以后再开盖。

操作要领

包好的包子放在蒸锅醒15分钟，可使包子变得松软饱满。

营养贴士

卷心菜性平、无毒，有补髓、利关节、壮筋骨、利五脏、调六腑、清热、止痛等功效。

主料： 面粉250克，黄油40克

配料： 白糖75克，奶粉25克，吉士粉、澄粉各10克，干酵母3克，鸡蛋适量

操作步骤

①黄油软化用打蛋器搅打至顺滑，加白糖搅打至发白，分3次加入打散的鸡蛋，搅打均匀，即成奶黄馅。

②所有的粉类混合过筛，加入盆中拌成均匀的面糊，上锅蒸30分钟，蒸好后搅散翻压至光滑平整，冷藏60分钟以上。

③面粉里放入酵母，揉和成光滑的面团，包上保鲜膜发酵至2倍大，重新揉圆，将面团搓长条分小剂子，擀成圆形面皮，取奶黄馅搓成圆形，置于面皮中间包好，收口朝下即成。

④蒸锅水烧上汽，放入包子，盖锅盖，大火蒸15分钟左右即可。

操作要领

奶黄馅若想要有松软起沙的口感，在蒸制的时候一定要每间隔10分钟取出一次，用打蛋器搅散后再上锅蒸。

营养贴士

奶黄包营养丰富，适合营养不良、气血不足者食用。

视觉享受：★★★★★ 味觉享受：★★★★★ 操作难度：★★

奶黄包

TIME 60分钟

菜品特点：奶香浓郁 松软香甜

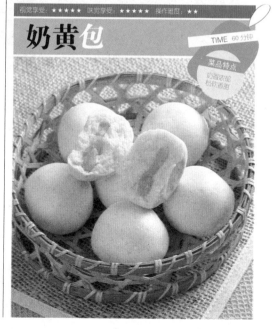

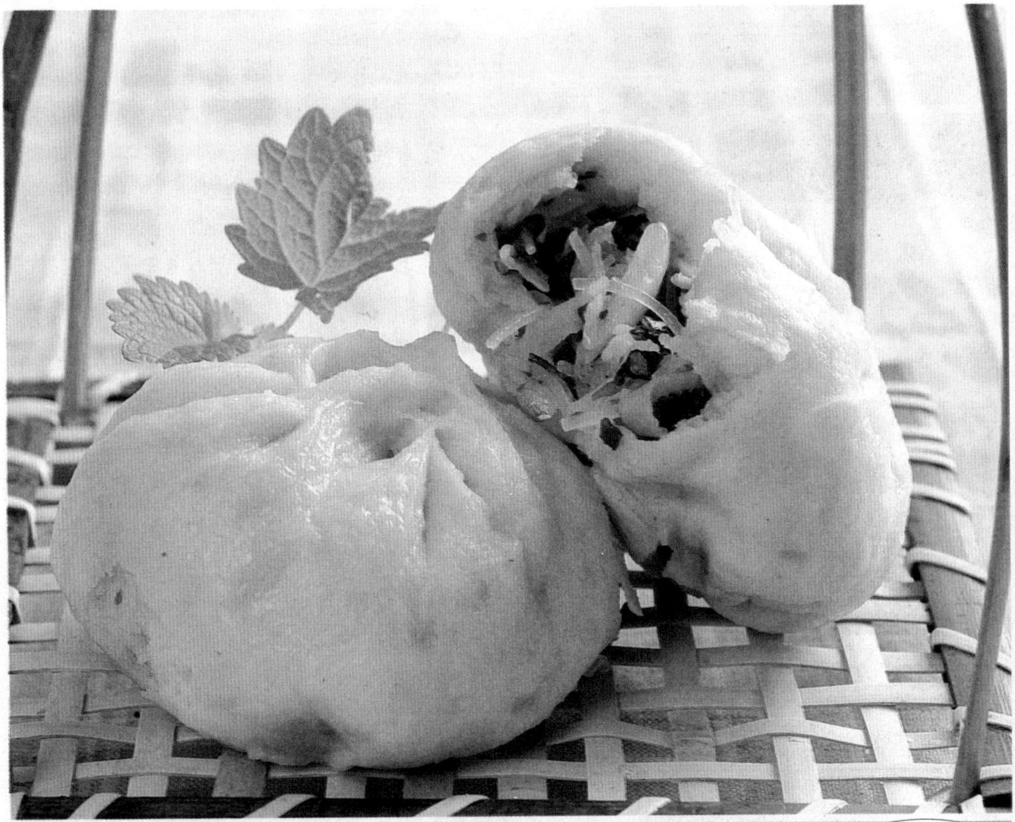

海带豆腐素包

TIME 50分钟

视觉享受：★★★★
味觉享受：★★★★★
操作难度：★

菜品特点
清香美味
营养丰富

主料： 面粉、豆腐、海带、粉条各适量

配料： 胡萝卜、白菜、酵母、葱、姜、精盐、植物油、黑胡椒各适量

操作步骤

①酵母用温开水化开，倒入面粉中搅拌，边搅拌边倒入适量温开水，揉成软面团，醒至原来的2倍大。

②粉条用热水泡开剁碎，海带洗净切成尽量小的条或丁，豆腐切丁，葱、姜切末，胡萝卜、白菜洗净切丁，将这些材料混合成馅料。

③热锅入油，爆香之后，放入馅料炒，加精盐和黑胡椒调味，直到豆腐稍稍变金黄色盛出。

④将醒好的面团分割成若干小剂子，逐一将小剂子揉成圆形，擀皮，包馅，静置20分钟左右。

⑤蒸锅加冷水，铺好沾湿的笼布，将包子放入笼屉，冷水进行蒸制，开锅后改中火再蒸30分钟即可。

操作要领

夏天面团的发酵过程一般需要60分钟，冬天要放在有阳光的地方或者温暖处，醒2小时左右。

营养贴士

海带具有防治甲状腺肿、降压、降脂、抑制肿瘤、提高免疫力、利尿、消肿等功效。

视觉享受：★★★★★ 味觉享受：★★★★★ 操作难度：★★

豆沙包

TIME 40 分钟

菜品特点

光滑圆润 香甜可口

主料： 中筋面粉 250 克，红豆沙 240 克

配料： 酵母 3 克，植物油少许

操作步骤

①将中筋面粉、水、干酵母混合和面，揉成一个光滑的面团，放于盆中，包上保鲜膜，发酵至 2 倍大。

②取出排气，重新揉圆，将面团分成约 30 克一个的剂子，擀成圆形面皮。

③掌心抹油，将豆沙搓成约 20 克一个的圆形小球，将豆沙置于面皮中间，包成圆形包子状，收口朝下，制成包子生坯，盖上保鲜膜醒发 10 分钟左右。

④将包子放入蒸锅中，盖上锅盖，大火烧开后转中火，蒸 15 分钟左右即可。

操作要领

包包子时，收口朝下，才能让包子的正面保持光滑。

营养贴士

红豆具有润肠通便、降血压、降血脂、调节血糖、解毒抗癌、预防结石、健美减肥的功效。

主料： 面粉 500 克，鸡蛋 5 个，胡萝卜 5 根，木耳适量

配料： 植物油、精盐、酱油、葱花各适量

操作步骤

①面粉揉成面团醒好；木耳泡发洗净剁碎；胡萝卜洗净，擦成细丝后剁碎。

②鸡蛋打散放精盐，放入油锅中，炒散，熟后盛出；锅中放植物油，油热后放入葱花炒香，放入胡萝卜、木耳、精盐、酱油，翻炒至胡萝卜微软盛出，胡萝卜稍凉后，放入炒好的鸡蛋拌匀，制成馅料。

③将发好的面揉均匀，分成小剂子，包入馅料。

④将包好的包子放入蒸锅醒 15 分钟左右，包子变得松软饱满后再冷水上屉蒸，蒸好以后不能马上掀盖子，稍微冷了以后再开盖。

操作要领

鸡蛋炒得越嫩越好。

营养贴士

胡萝卜有益肝明目、利膈宽肠、健脾除疳、增强免疫功能、降糖降脂等功效。

视觉享受：★★★★★ 味觉享受：★★★★★ 操作难度：★★

胡萝卜包子

TIME 40 分钟

菜品特点

清香美味 老少咸宜

牛肉包子

TIME 30分钟

视觉享受：★★★★★
味觉享受：★★★★★
操作难度：★★

菜品特点
皮白柔韧
馅心质嫩

主料： 面粉450克，牛腱子肉300克

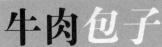

配料： 芹菜、竹笋各50克，郫县豆瓣酱35克，苏打粉5克，酵母水、精盐、酱油、味精、姜末、菜籽油、花椒粉、胡椒粉各适量

操作步骤

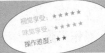

①面粉加酵母水揉成团，发好后加苏打粉揉匀，醒约10分钟。

②牛腱子肉剁成颗粒，竹笋、芹菜切成0.4厘米大的颗粒。

③炒锅倒菜籽油烧至六成热，下牛肉炒散，放郫县豆瓣酱炒至色红味香时，下姜末、竹笋、酱油，再稍炒即起锅，拌入胡椒粉、花椒粉、芹菜粒、精盐、味精即成馅。

④把醒好的面团揉匀，搓成条扯成剂子，分别压成圆皮包上馅心，放入蒸锅，用旺火沸水蒸约15分钟即成。

操作要领

蒸锅里的水最好以六至八成满为佳，以旺火足汽蒸制，中途不能揭盖。

营养贴士

牛肉富含蛋白质，能提高机体抗病能力，对生长发育及术后调养的人特别适宜。

视觉享受：★★★★★ 味觉享受：★★★★★ 操作难度：★★

芽菜小包

TIME 40分钟

菜品特点：芽菜味浓 营养丰富

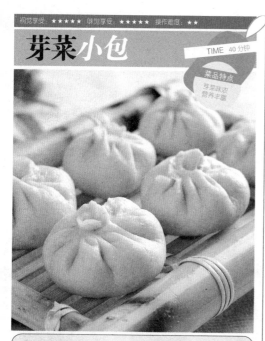

主料： 面粉500克，碎米芽菜100克，猪绞肉250克

配料： 白糖25克，精盐5克，味精2克，猪油50克，料酒、香油各15克

操作步骤

①面粉和成面团，然后加猪油揉匀揉透，盖上湿毛巾静置10分钟；将猪绞肉分成两份。

②锅置火上，加猪油烧热，下其中一份猪绞肉炒散，加料酒、精盐炒干水分，再加芽菜炒香起锅，冷后拌入另一半猪绞肉和白糖、味精、香油即可。

③将醒好的面团轻轻搓成长条，扯成面剂，整齐地放在案板上，撒上少许干面粉，取面剂，用手按成圆皮，放入馅心，用手提捏成收口的细褶纹包子，放入刷油的蒸笼内（每个包子间隔两指宽），醒面约30分钟。

④旺火烧至水开，蒸约10分钟即可。

操作要领

芽菜以四川宜宾的碎米芽菜为佳。

营养贴士

芽菜营养丰富，尤其是微量元素和维生素 B_1，维生素 B_2 含量很丰富。

主料： 小萝卜菜100克，猪腿肉500克，玉米面500克，普通面粉300克

配料： 老抽、精盐、鸡精、葱末、姜末、五香粉、植物油各适量

操作步骤

①小萝卜菜择去老叶和根，洗净，用热水焯一下，冷水过凉，沥干水分，切碎；猪肉洗净，剁成肉糜，加入葱末、姜末、老抽、精盐、五香粉和鸡精拌匀，加入适量植物油，和萝卜菜一起拌匀。

②玉米面用开水烫后，加入面粉和匀，分成均匀的剂子，擀成饼皮，包入馅，用玉米皮垫底，入锅蒸，开锅后15分钟停火，再焖5分钟即可。

操作要领

加了玉米面的包子皮很软，擀的时候不要太用力，否则易破。

营养贴士

玉米中含有大量的卵磷脂、亚油酸、谷物醇、维生素E、纤维素等，是糖尿病人的适宜佳品。

视觉享受：★★★★★ 味觉享受：★★★★★ 操作难度：★★

玉米面包子

TIME 40分钟

菜品特点：皮薄馅多 营养开胃

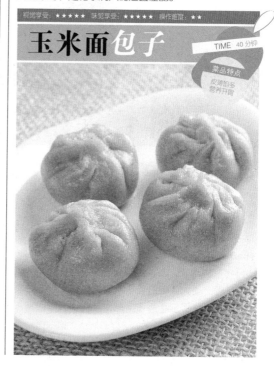

虾仁水煎包

TIME 40分钟

视觉享受：★★★★★
味觉享受：★★★★★
操作难度：★★

菜品特点
营养丰富
味道极佳

主料： 中筋面粉300克，猪肉350克，虾仁80克，韭菜130克

配料： 酵母3克，老抽、香油各10克，精盐、黑胡椒各适量

操作步骤

①韭菜洗净切成末；猪肉剁成肉末，与虾仁混合，加入老抽、精盐、黑胡椒等调味，用手抓匀。

②面粉中加入酵母和水，揉到面团表面光滑，发酵至原来的2倍大，取出再次揉匀，在案板上撒适量面粉防粘，把面团搓成长条形，平均切割成面剂，擀成圆形，包适量馅儿包好，包子放一边醒30分钟。

③平底锅倒入油，包子整齐排入，开中火煎出煎包底皮，15克面粉加250克水兑开成面粉水，慢慢倒入煎锅中，盖上锅盖，中火慢煎至水全蒸发即可。

操作要领

面团发酵好后再揉匀，是为了排除发酵产生的气。

营养贴士

该水煎包有补虚强身、滋阴润燥、丰肌泽肤、温中开胃、行气活血、补肾助阳、散瘀、通乳等功效。

视觉享受：★★★★★ 味觉享受：★★★★★ 操作难度：★★

野菜包子

TIME 30分钟

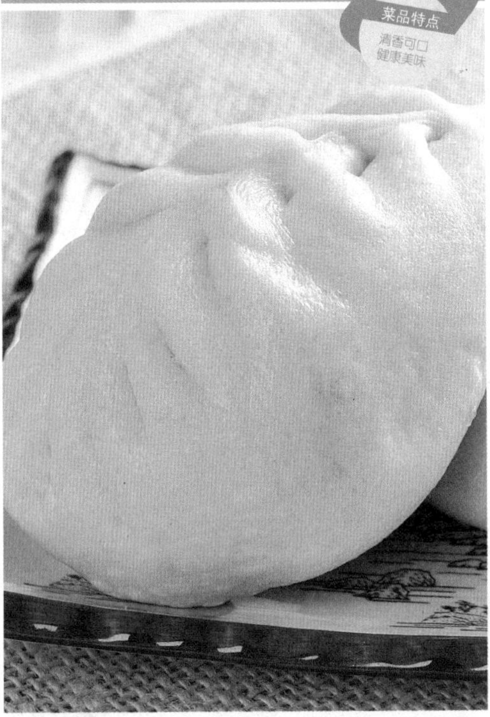

主料： 面粉300克，马齿苋、小白菜各适量

配料： 精盐、料酒、酱油、小葱、调和油、胡椒粉、香油、酵母各适量

操作步骤

①将马齿苋、小白菜、小葱切碎放入盆中，放入胡椒粉、酱油、料酒、精盐、香油、调和油拌匀做成馅。

②面粉加水、酵母揉成面团，发好，搓成长条，用刀切成小剂子，将小剂子搓圆，擀成圆片。

③圆片上放入馅，包成包子，放入蒸屉醒15分钟，再放入蒸锅蒸15~20分钟即可。

操作要领

可以根据自己的喜好，将马齿苋换成其他可食用野菜。

营养贴士

马齿苋具有清热解毒、凉血止血、散瘀消肿的作用。

主料： 面粉1000克，猪肉500克，洋葱450克

配料： 胡萝卜50克，植物油、小苏打、葱末、姜末、豆瓣酱各适量

操作步骤

①面和好后放在温暖处发一夜；猪肉剁碎；洋葱、胡萝卜切粒备用；豆瓣酱适当加点水稀释一下。

②锅中多加点植物油，放入葱末、姜末爆香，放入豆瓣酱炒出香味，再加入洋葱、胡萝卜继续翻炒，然后放入猪肉，炒变色、炒匀后盛出晾凉。

③发好的面加入小苏打揉十几分钟，再醒10分钟，把面揉成长条，再切成面剂，擀成饼，包入馅料后包成包子，醒15分钟。

④水烧开后入锅蒸15~20分钟，具体时间视包子的大小而定。

操作要领

炒肉及豆瓣酱的时候多放点油，包子会更香。

营养贴士

猪肉具有补虚强身、滋阴润燥、丰肌泽肤的作用。

视觉享受：★★★★ 味觉享受：★★★★ 操作难度：★★

山东酱肉包

TIME 30分钟

珍珠罗

TIME 100分钟

视觉享受：★★★★
味觉享受：★★★★
操作难度：★★★

菜品特点
味道甜咸
香糯适口

主料： 精面粉550克，猪肉500克，叉烧肉100克，水发香菇75克，水发玉兰片250克，糯米适量

配料： 葱花100克，绵白糖300克，味精、白胡椒粉各5克，湿淀粉50克，酱油125克，精盐15克，熟猪油300克

操作步骤

①糯米浸泡4小时，洗净、沥水，入甑用旺火蒸约15分钟，洒一次水，将米饭搅散，再蒸10分钟，再洒一次水，待糯米充分涨发和膨松，再蒸20分钟，取出放入盆内；水发香菇、水发玉兰片、猪肉、叉烧肉均切小丁。

②炒锅内加50克熟猪油，下猪肉丁、香菇丁、叉烧肉丁、玉兰片丁炒至七成熟，放酱油、精盐、味精、清水焖至熟透，倒入盛糯米饭的盆内，加200克熟猪油拌成馅料。

③面粉用水和匀揉透，摘成剂子，擀成薄圆皮，放上馅料，将圆皮捏拢，使边沿成喇叭口，制成生坯，逐个排放在瓷盘中，入笼蒸约10分钟取出。

④炒锅内加50克熟猪油、绵白糖、葱花和清水，迅速用手勺推动，用湿淀粉勾成浓芡，撒入白胡椒粉，淋在珍珠罗上即可。

操作要领

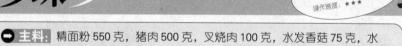

入笼蒸时要用沸水、旺火速蒸，蒸至表面光滑不粘手为宜。

营养贴士

玉兰片味甘、性平，可定喘消痰。

视觉享受：★★★★★ 味觉享受：★★★★★ 操作难度：★★

葱煎包

TIME 30分钟

菜品特点
色泽黄亮
外壳微脆

主料： 面粉300克，肉馅250克，酸菜150克

配料： 白芝麻、生姜、葱、淀粉、芝麻油、生抽、蘑菇精、胡椒粉、精盐、植物油各适量

操作步骤

①将面粉揉成面团，发好；肉馅中加适量植物油、精盐、芝麻油、生抽、淀粉、蘑菇精、胡椒粉，朝一个方向搅拌上劲，腌20分钟；酸菜切碎，生姜切末，葱切花，都放入腌好的肉馅中搅拌均匀。

②将发好的面团揉压排气后搓条，分成小剂子，擀成面皮，包入馅料，最后收口时留下一个小口，将包好的包子盖上湿润的纱布醒20分钟。

③包子上屉，大火蒸12分钟后关火，稍等后取出包子，底部刷油沾一层芝麻，顶部的褶子撒上葱花。

④平底锅热油，放入沾好芝麻的包子，小火将底部煎黄即可。

操作要领

煎包子时火不可太大，以免烧焦。

营养贴士

葱有祛风发汗、解毒消肿等功效。

主料： 烫面面团500克，猪肉泥250克

配料： 味精、生油、酱油、葱末、姜末、精盐各适量

操作步骤

①猪肉泥中加入酱油、葱末、姜末、精盐、味精、生油搅拌均匀，制成馅料。

②取烫面面团搓条，下剂，擀皮。

③用匙板将馅料包入皮内，不用醒发，上屉蒸10分钟即成。

操作要领

烫面面团不用醒发。

营养贴士

此汤包具有养心益肾、健脾厚肠、除热止渴、补充蛋白质和脂肪酸、补肾滋阴、润燥等功效。

视觉享受：★★★★ 味觉享受：★★★★ 操作难度：★

龙眼汤包

TIME 20分钟

菜品特点
味道鲜美
老少皆宜

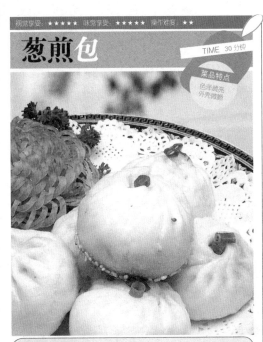

三鲜烧卖

TIME 30分钟

视觉享受：★★★★★
味觉享受：★★★★★
操作难度：★★

菜品特点
形如石榴
鲜香可口

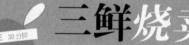

主料： 面粉500克，肉馅200克，糯米250克

配料： 虾仁100克，水发香菇、水发木耳各100克，葱末、姜末、精盐、酱油、鸡精、五香粉、香油各适量

操作步骤

①把木耳、香菇和虾仁剁成碎，加入肉馅，再加入葱末、姜末、酱油、精盐、鸡精、香油、五香粉搅拌均匀；糯米提前用清水浸泡一夜，控水，与馅料拌匀。

②面粉加入适量的水揉成面团，醒30分钟，分成大小均匀的面团，再分别擀成中间厚、外围薄的面片，把外边压出褶皱，像荷叶边，中间放入馅料，用拇指和食指握住烧卖边，轻轻收一下。

③蒸锅注入水烧开，屉上抹上油，放入烧卖，大火蒸10分钟。

操作要领

蒸之前在烧麦表面喷水，蒸好的烧麦皮不会很干。

营养贴士

此烧卖具有提高机体免疫力、延缓衰老、通乳、防止动脉硬化等功效。

视觉享受：★★★★　味觉享受：★★★★　操作难度：★

酱香蒸饺

TIME 30分钟

菜品特点：玲珑剔透　酱香浓郁

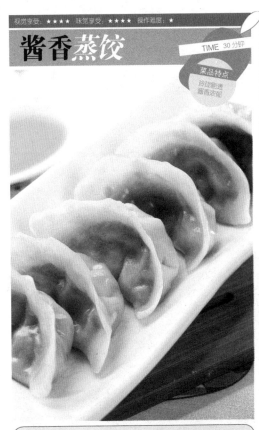

主料： 五花肉250克，面粉300克

配料： 荸荠50克，精盐、酱油、甜面酱、植物油、料酒、味精、葱花、姜末、白糖各适量

操作步骤

①面粉揉成面团；五花肉用开水煮熟，切碎；荸荠剁成末。

②炒锅中放植物油烧热，炒姜末，煸出香味后放肉，加入精盐、酱油、甜面酱、料酒、味精、白糖，炒上色起锅，加入荸荠末、葱花搅匀。

③把面团分若干份，擀成比普通饺子稍大的皮，放馅包成饺子状，上蒸锅蒸10分钟即可。

操作要领

蒸饺皮要用热水和面，即烫面。

营养贴士

荸荠是寒性食物，有清热泻火等功效。

主料： 荞麦面粉、牛肉、荸荠、熟肥肉各适量

配料： 精盐、葱、白糖、酱油、胡椒粉、植物油各适量

操作步骤

①把荞麦面粉、精盐、100克热水、100克冷水混合在一起，揉搓成荞麦面团，再分成多个小面团，擀成饺子皮。

②牛肉去筋后剁烂；荸荠、熟肥肉、葱都切成小粒。

③牛肉中加入荸荠、葱粒、白糖、酱油、胡椒粉、植物油，搅拌起胶，再加入肥肉搅拌均匀，静置约30分钟，制成肉馅。

④荞麦面皮中包入适量的馅，捏好封口，包成饺子。

⑤把包好的饺子放在抹过植物油的蒸笼中，用大火蒸8分钟，熟透即可。

操作要领

荞麦面粉要用热水揉和。

营养贴士

此蒸饺具有增强解毒能力、扩张小血管、降低血液胆固醇、补中益气、强健筋骨、化痰息风等功效。

视觉享受：★★★　味觉享受：★★★★　操作难度：★★★

牛肉荞麦蒸饺

TIME 50分钟

菜品特点：味道鲜美　营养健康

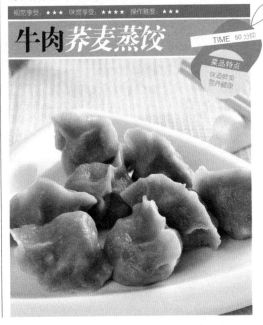

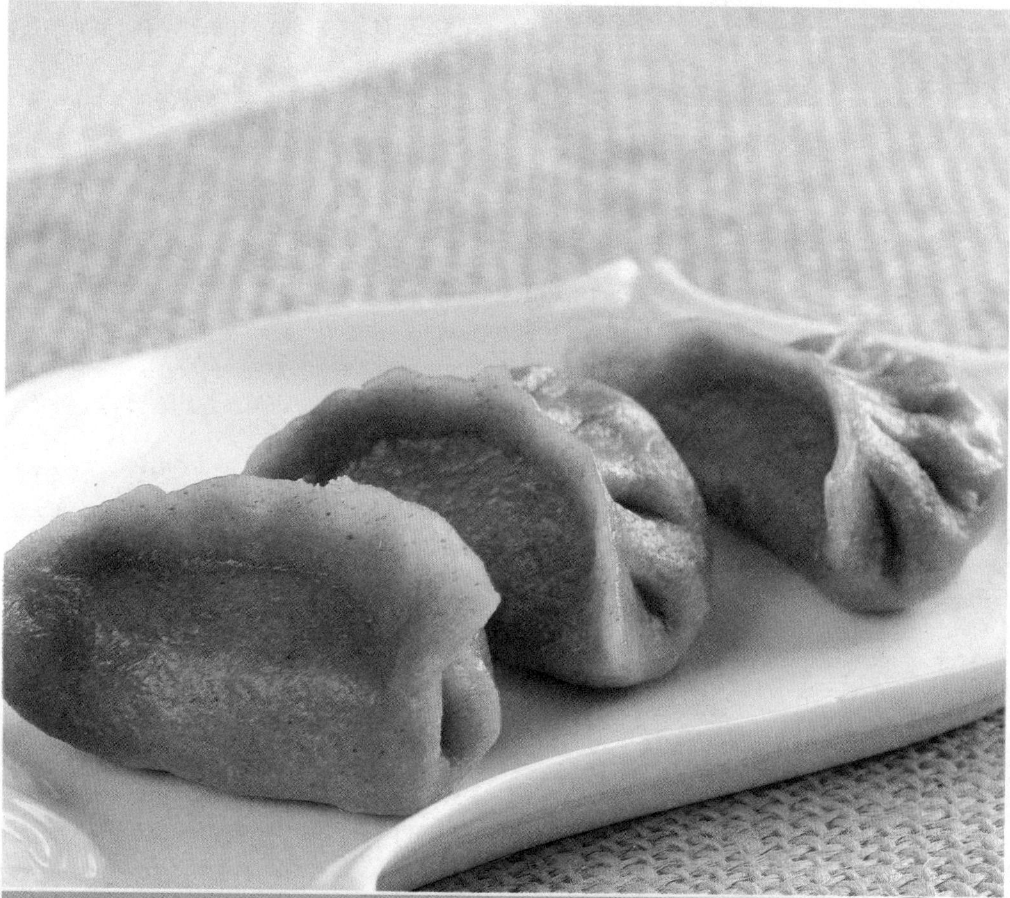

地瓜面蒸饺

视觉享受：★★★★
味觉享受：★★★★★
操作难度：★★

TIME 30分钟

菜品特点
面软馅香
营养丰富

主料： 猪肉500克，面粉300克，地瓜粉200克

配料： 四季豆300克，水发木耳100克，葱末30克，姜末20克，酱油5克，精盐3克，味精2克，植物油30克

操作步骤

①猪肉切成丁，放油锅中加葱末、姜末、酱油炒熟；木耳择洗干净后切成末；四季豆用水煮过后切末，与肉丁、木耳末、精盐、味精、植物油搅匀成馅。

②面粉200克与地瓜粉200克用开水烫过和匀，醒60分钟，将面粉100克用凉水和匀，与烫面一起和匀，做成剂子，擀成皮，包上肉馅，捏上褶子成蒸饺，入笼蒸熟即可。

操作要领

面粉与地瓜粉混合一定要用开水。

营养贴士

此蒸饺具有和血补中、宽肠通便、增强免疫功能、防癌抗癌、抗衰老、防止动脉硬化等功效。

视觉享受：★★★ 味觉享受：★★★★ 操作难度：★

荞麦面蒸饺

TIME 30 分钟

菜品特点
制作简单
营养美味

主料： 荞麦面粉 200 克

配料： 花生油、精盐、猪肉、豆角、葱末、酱油、蚝油、香油、糖各适量

操作步骤

①荞麦面粉加少许的精盐，用烧开的水把面粉烫透，和好面团，醒 20 分钟。

②豆角洗净，放入蒸锅蒸熟，取出剁碎；猪肉剁碎，放入豆角碎、花生油、精盐、葱末、酱油、蚝油、香油、糖一起拌匀成馅料。

③面团揉至光滑，切成大小一样的剂子，擀成圆皮，放入馅料包成饺子坯，放入蒸锅蒸 10 分钟左右即可。

操作要领

用烧开的水把面粉烫透，面粉与水的比例大约为 8:2，面团要软和才行。

营养贴士

荞麦面具有抗菌、消炎、止咳、平喘、祛痰、促进机体的新陈代谢等功效。

主料： 面粉 450 克，生虾肉 500 克，熟虾肉 300 克，肥猪肉 125 克

配料： 干笋丝 125 克，猪油 90 克，淀粉 50 克，精盐、味精、白糖、麻油、胡椒粉各适量

操作步骤

①将面粉、淀粉加精盐拌匀，用开水冲搅，加盖焖 5 分钟，取出搓匀，再加猪油揉匀成团，待用。

②生虾肉洗净吸干水分，用刀背剁成细茸，放入盆内。

③熟虾肉切小粒；猪肥肉用开水稍烫冷水浸透，切成小粒；干笋丝发好用水漂清，加些猪油、胡椒粉拌匀；在虾茸中加点精盐，用力搅拌，放入熟虾肉粒、肥肉粒、笋丝、味精、白糖、麻油等拌匀，放入冰箱内冷冻制成虾馅。

④将面团揪剂，制皮，包入虾馅，捏成水饺形，上蒸笼内旺火蒸熟即可。

操作要领

分生、熟虾肉是为了使虾鲜味更浓，口感更好。

营养贴士

虾仁中含有 20% 的蛋白质，是蛋白质含量很高的食品之一，是营养均衡的蛋白质来源。

视觉享受：★★★★ 味觉享受：★★★★★ 操作难度：★★

虾仁蒸饺

TIME 30 分钟

菜品特点
鲜香可口
老少皆宜

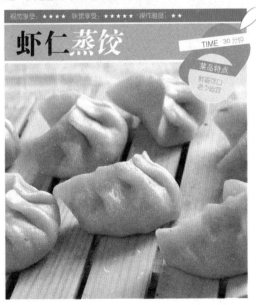

玉米面蒸饺

TIME 40分钟

视觉享受：★★★★
味觉享受：★★★★
操作难度：★

菜品特点
操作简单
营养美味

主料： 细玉米面200克，饺子粉50克，肉馅200克

配料： 青椒1个，虾皮30克，葱末、姜末各10克，精盐、鸡精各6克，酱油、香油各7克，甜面酱5克，熟植物油20克，花椒粉适量

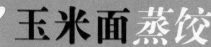

操作步骤

①青椒洗净，剁碎，挤去水分与肉馅、虾皮混合，加入葱末、姜末、精盐、鸡精、酱油、香油、甜面酱、熟植物油、花椒粉拌匀成馅；饺子粉和玉米面用热水揉和成面团，醒一会儿。

②案板上撒上饺子粉，将玉米面团揉成条，揪成小剂子，按扁，擀成皮，包入馅料包成饺子坯，上笼用旺火蒸15分钟即成。

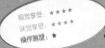

操作要领

15分钟后蒸好，不要马上掀锅盖，等10分钟再掀。

营养贴士

玉米具有降血压、降血脂、抗动脉硬化、预防肠癌、美容养颜、延缓衰老等多种保健功效。

视觉享受：★★★★★　味觉享受：★★★★★　操作难度：★★

虾仁黄瓜水饺

TIME 35分钟

菜品特点：营养丰富　鲜美可口

主料： 冷水面团、虾仁各适量，黄瓜2根

配料： 鸡蛋2个，生油适量，精盐、味精各少许

操作步骤

①鸡蛋磕入碗中搅匀，入油锅中炒碎，取出；黄瓜洗净，切成碎末；虾仁去虾线，洗净。

②炒鸡蛋碎中，加入黄瓜末、虾仁末、生油、精盐、味精，搅匀成馅料。

③取冷水面团搓条，下剂，擀皮，包入馅料，做成水饺生坯。

④锅内加水烧开，下入水饺生坯，煮熟即可。

操作要领

虾仁必须将沙线去除。

营养贴士

此饺子具有保护心血管、通乳、抗肿瘤、抗衰老等功效。

主料： 面粉、猪肉馅、大葱各适量

配料： 姜片、八角、花椒、生抽、老抽、精盐、花生油、香油各适量

操作步骤

①将面粉和成稍软的面团，放入容器中盖湿布或者保鲜膜醒30分钟；大葱切成葱花。

②热锅加花生油、姜片、八角、花椒，小火炝香，捞出关火，待油温稍降，加入葱花稍炸，盛出倒入肉馅中，加生抽、老抽、精盐拌匀，分几次打入凉水，每次不宜多，顺着一个方向搅一段时间再加下一次，最后加入香油，馅料即成。

③醒好的面滚长，切成小剂子，撒干面粉，按扁，然后擀开，中间稍厚，边缘薄。

④将饺子包好，下沸水锅煮熟好即可。

操作要领

大葱可以适当多放一些，使馅料葱香浓郁。

营养贴士

大葱味辛、性平，有解肌发汗、通阳利气、行瘀止血、消肿解毒的功效。

视觉享受：★★★★★　味觉享受：★★★★★　操作难度：★★

猪肉大葱水饺

TIME 30分钟

菜品特点：皮薄馅嫩　味道鲜美

素水饺

TIME 40分钟

菜品特点 味道鲜美 营养丰富

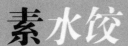

视觉享受：★★★★
味觉享受：★★★★
操作难度：★★

主料： 小麦粉500克，胡萝卜、香干各50克，面筋40克，黄花菜10克，木耳20克，香菜100克，白菜250克

配料： 姜、精盐、酱油、味精、芝麻酱、橄榄油各适量，香芋汁少许

操作步骤

①木耳、黄花菜提前用冷水泡发后洗净切碎；小麦粉加香芋汁和适量水和成面团醒发；白菜洗净剁碎，挤干水分；胡萝卜洗净擦成丝；香干、面筋切成丁；香菜洗净切碎；姜切碎；用芝麻酱、酱油、精盐、味精、橄榄油调好汁。

②所有食材置于盆中，拌均匀，倒入调味汁，搅拌均匀成水饺馅。

③将面团做成大小均匀的面剂，擀成片，做水饺皮，水饺皮中间放馅包好，放入开水锅中煮熟即可。

操作要领

调汁时加些腐乳，可以提味。

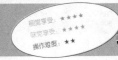

营养贴士

此水饺具有益肝明目、利膈宽肠、促进免疫功能、延缓衰老、养血平肝、利尿消肿等功效。

视觉享受：★★★★★ 味觉享受：★★★★★ 操作难度：★★

玉米面水饺

TIME 40分钟

主料： 富强粉200克，细玉米面100克

配料： 粉丝1小把，猪肉馅300克，酸菜丝250克，香油、精盐、五香粉、葱花各适量

操作步骤

①细玉米面中倒入适量开水，用筷子搅成小疙瘩，揉搓成团，倒入富强粉，加适量水，揉成面团，醒一段时间。

②酸菜丝和泡软的粉丝剁成碎末，放入猪肉馅，加入香油、五香粉、葱花、精盐，制成肉馅。

③将醒好的面团做成小剂子，擀成皮，包上肉馅，包成饺子，下水煮熟即可。

操作要领

玉米面最好用细的，口感更好。

营养贴士

此水饺具有保持胃肠道正常生理功能、补充蛋白质和脂肪酸、补肾、滋阴润燥等功效。

主料： 面粉500克，猪肉300克，韭菜450克

配料： 鸡蛋1个，葱10克，姜5克，精盐3克，花生油30克，胡椒粉、味精各2克，甜面酱50克，香油5克，生抽10克，料酒15克，老抽适量

操作步骤

①韭菜择洗干净，切碎；葱、姜切成碎末备用。

②猪肉切成小块后剁碎，加料酒、老抽、生抽、甜面酱调匀，制成肉馅。

③在容器内放入韭菜、葱末、姜末，再磕入一个鸡蛋，放入肉馅，加花生油、精盐、胡椒粉、味精、香油调匀，制成饺子馅。

④面粉加凉水和成面团，醒10分钟揉匀，搓成长条，揪成大小均匀的剂子，擀成饺子皮，包进饺子馅，捏成饺子，下锅煮熟即可。

操作要领

煮的时候要分三次添加凉水，看到饺子膨胀漂浮起来即可。

营养贴士

此水饺具有补肾温阳、益肝健脾等功效。

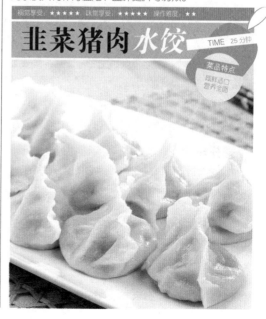

视觉享受：★★★★★ 味觉享受：★★★★★ 操作难度：★★

韭菜猪肉水饺

TIME 25分钟

传统钟水饺

视觉享受：★★★★★
味觉享受：★★★★★
操作难度：★★

TIME 60分钟

菜品特点
营养丰富
香浓可口

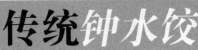

主料：面粉250克，猪肉馅250克

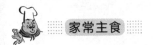

配料：花椒水1.5克，红油辣椒75克，蒜泥50克，姜汁15克，酱油100克，精盐2克，芝麻油50克，胡椒粉、味精、葱花各适量

操作步骤

①面粉做一个面窝，边倒水边用手慢慢推面，等所有面粉都沾到水，变成一块一块的时候，再上手和面，直至光滑，包上保鲜膜，醒30分钟。

②猪肉馅中加入精盐、姜汁、花椒水、胡椒粉、50克酱油，充分搅拌至黏稠状。

③将醒好的面揪成剂子，擀成饺子皮，把馅置于其中，对叠成半月形，用力捏合成饺子坯。

④锅中放水，放入饺子坯，煮至饺子膨胀漂浮起来即可。

⑤将剩下的酱油和红油辣椒、芝麻油、味精调成味汁，淋在饺子上，再倒入用冷开水澥开的蒜泥，撒上葱花即可。

操作要领

将饺子坯放入锅中后，边煮边用勺子推动，以防粘连。

营养贴士

猪肉具有补肾、滋阴、益气等功效。

视觉享受：★★★★ 味觉享受：★★★★★ 操作难度：★★★

鲅鱼水饺

TIME 30分钟

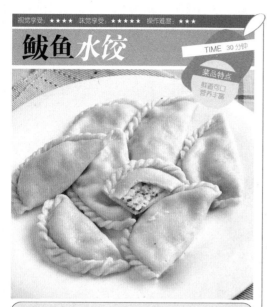

主料： 鲅鱼2条，五花肉250克，面粉适量

配料： 韭菜1把，精盐4克，姜末5克，料酒2克，生抽10克，香油6克，葱油8克，花椒适量

操作步骤

①鲅鱼洗净，清理干净腹腔内的黑色物，剔净鱼刺，将鱼刺、鱼皮以及筋络全部扔掉。

②剔下来的鱼肉和五花肉剁碎拌匀，放入稍微大点的容器中。

③花椒放入碗中，冲入开水搅拌几下，放凉后加生抽、料酒，每次以少量倒入鱼肉和五花肉的混合物中，按一个方向不停搅拌，直至馅料湿黏即可。

④在搅好的馅中加葱油、精盐、姜末拌匀，再加入切成碎末的韭菜和香油拌匀。

⑤面粉与水混合，和面揉成光滑的面团，包上保鲜膜，醒30分钟，将醒好的面揪成剂子，擀成饺子皮，包入拌好的馅，放入开水锅中煮至饺子膨胀漂浮即可。

操作要领

加韭菜后不要搅拌太厉害，以防破坏韭菜的口感。

营养贴士

此水饺具有温中、止泻、补肾等功效。

视觉享受：★★★★★ 味觉享受：★★★★★ 操作难度：★★

三鲜水饺

TIME 30分钟

主料： 面粉适量，猪肉末300克，虾仁150克，韭菜200克，鸡蛋2个

配料： 精盐、鸡精、料酒、香油、姜末、白糖各适量

操作步骤

①猪肉馅中加姜末，分次少量地加水，顺一个方向搅拌，直至肉末富含水分，变得黏稠上劲，加鸡蛋和适量的精盐、白糖、鸡精、料酒再充分搅匀，再加适量的香油，再搅匀；将虾仁洗净，切大粒，加入猪肉末中搅匀；韭菜切碎，加猪肉末中搅匀即成肉馅。

②将面粉和成面团，醒好，分别搓成长条，下剂，撒上面粉，用手按压成圆饼，擀成中间厚，四边薄的饺皮，将馅料包入饺皮，捏成饺子。

③锅内放水烧开，加5克精盐，下入饺子，煮开快溢锅时，加凉水，如此3次，再揭锅盖略煮即成。

操作要领

煮饺子时，在水里放一棵大葱或在水开后加点盐，然后再放饺子，煮出来的饺子味道鲜美且不粘连。

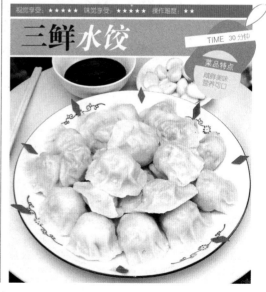

营养贴士

虾仁肉质松软，易消化，对身体虚弱及病后需要调养的人是极好的食物。

韭菜煎饺

TIME 50分钟

视觉享受：★★★★
味觉享受：★★★★★
操作难度：★★

菜品特点
味道鲜美
营养健康

主料： 面粉500克，韭菜500克，肉泥330克

配料： 酱香烧烤酱、胡椒粉、料酒、醋、精盐各适量

操作步骤

①面粉中加水、3克左右的精盐搅拌揉成面团；韭菜洗净切碎，加少许精盐腌渍片刻，腌出水分后攥干；肉泥中加酱香烧烤酱、胡椒粉、料酒，一点点地加水搅拌成稠状，加入腌过的韭菜拌匀，制成韭菜馅。

②将面团揪成小剂子，擀成薄片，包入韭菜馅。

③锅内烧开水，放入5克精盐，放入包好的饺子，轻轻晃动下锅子，盖上盖烧开，中间添2次水，烧开。

④预热电饼铛，刷层油，摆上煮好的饺子，待底部定型后加少许醋水（比例为1:10），盖上盖，待水分将干、底部金黄即可。

操作要领

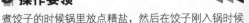

煮饺子的时候锅里放点精盐，然后在饺子刚入锅时候轻轻晃动下，可以保证饺子不粘锅。

营养贴士

此煎饺具有温中、补肾、解毒、补血、护齿、保护骨骼等功效。

视觉享受：★★★★ 味觉享受：★★★★ 操作难度：★★

生煎饺

TIME 50分钟

菜品特点：外酥里嫩 营养美味

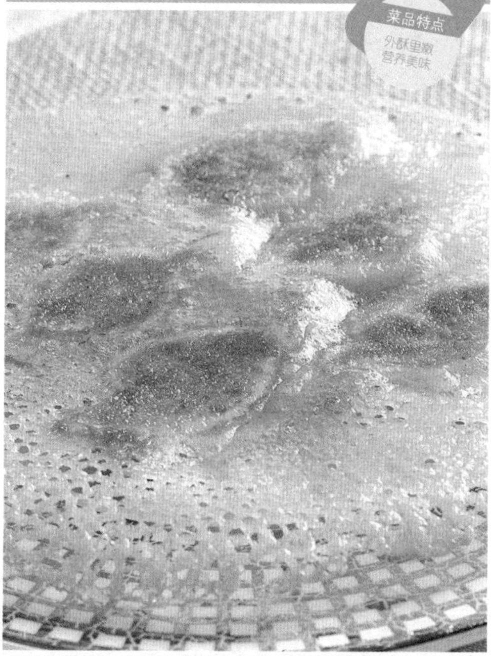

主料： 饺子皮600克，猪肉馅500克，韭菜250克

配料： 面粉15克，油、精盐、糖、生抽、虾皮各适量

操作步骤

①韭菜洗净沥干水，切碎后加入虾皮，再放入猪肉馅中调匀，并加适量精盐、糖、生抽和油调味，用饺子皮包好肉馅。

②锅中放少许油，将饺子放煎锅用中火煎，待饺子底部变黄后，用15克面粉加250克水兑开成面粉水，慢慢倒入煎锅中，盖上锅盖，中火慢煎至水全蒸发即可。

操作要领

油要多，才不会焦底。

营养贴士

此生煎饺具有补肾壮阳、行气理血、润肠通便、滋阴润燥、保护心血管等功效。

主料： 明虾250克，馄饨皮100张，蛋清适量

配料： 葱末、姜末、料酒、精盐、橄榄油各适量

操作步骤

①明虾剥掉虾壳，用牙签挑或用剪刀剪开背部，去掉虾线，用葱末、姜末、料酒腌渍。

②用刀背将虾剁成虾泥，放入精盐、蛋清、橄榄油，搅拌上劲即可用来包馄饨。

③将一点馅放在馅饼皮上，用手包起来轻轻一捏，做成馄饨坯，最后把所有做好的馄饨坯下锅煮熟即可。

操作要领

因为加了蛋清在馅里，馅在煮熟后体积会膨胀，所以不能放太多的馅。

营养贴士

虾肉有补肾壮阳、通乳抗毒、养血固精、通络止痛、开胃化痰等功效。

视觉享受：★★★★★ 味觉享受：★★★★★ 操作难度：★★

虾茸小馄饨

TIME 30分钟

菜品特点：鲜嫩可口 美味营养

绉纱馄饨

TIME 20分钟

视觉享受：★★★★
味觉享受：★★★★
操作难度：★

菜品特点：味道鲜美 营养丰富

主料：小馄饨皮适量，猪瘦肉300克

配料：精盐7克，黄酒10克，猪油5克，酱油、酸菜、葱花、香菜碎各适量

操作步骤

①猪瘦肉去掉筋膜，剁成肉馅，加入黄酒、精盐将肉馅拌匀，再慢慢加入30克水拌到肉馅吸收；精盐、酱油、猪油、葱花放入碗中，用开水冲开。

②在馄饨皮中间抹上一点肉馅，用大拇指从正方形的对角线向中心折去，用力要轻，再用其余的手指向里拢一拢，馄饨就包好了。

③烧开一锅水，酸菜切丝后与馄饨一起放入锅中煮2分钟左右，馄饨稍微露出肉馅的红色即可捞出放入盛有汤料的碗中，撒上葱花和香菜即可。

操作要领

肉馅不要太烂，可以看到小的颗粒就可以。

营养贴士

此馄饨具有补肾养血、滋阴润燥等功效。

★★★★★

花样面条

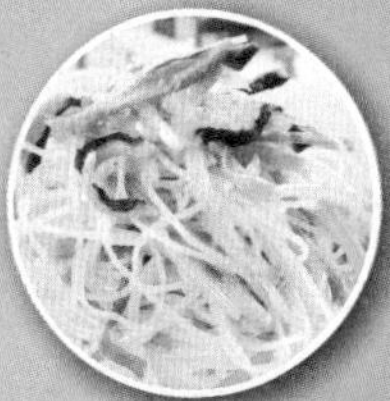

★★★★★

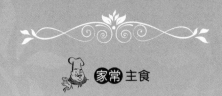

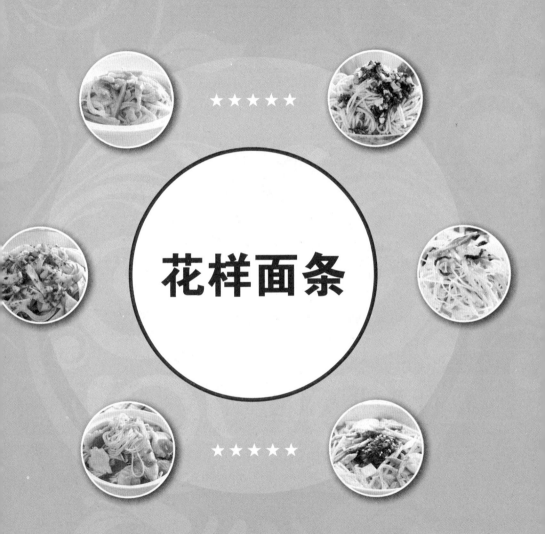

牌坊面

TIME 30分钟

视觉享受：★★★★★
味觉享受：★★★★★
操作难度：★

菜品特点
味道鲜美
营养丰富

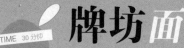

主料： 韭菜叶面条500条

配料： 肥瘦肉、青腿菇、冬笋、熟火腿、金钩、菜籽油、豆油、川盐、料酒、味精、熟猪油、胡椒粉、高汤、湿豆粉各适量

操作步骤

①将青腿菇、冬笋水发煮后切成细丝；金钩洗后烫发；肉、熟火腿分别切成丝。

②锅内加菜籽油烧热，放入肉丝滑散，炒干水分，加入料酒、川盐、豆油、胡椒粉，上色后放入高汤、青腿菇、冬笋和金钩，焖熟入味，加入湿豆粉勾成二流芡即成臊子。

③锅内加水烧沸，放入面条煮熟，捞入放有豆油、胡椒粉、味精、熟猪油、高汤的碗内，浇上臊子即成。

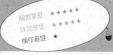

操作要领

煮面条时水要宽，不要煮过，以筋韧为宜。

营养贴士

此面具有健胃、提神、温暖等功效。

视觉享受：★★★★★　味觉享受：★★★★★　操作难度：★

油泼面

TIME 10分钟

菜品特点

面条筋道
香辣浓郁

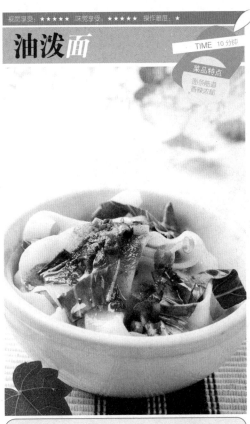

主料： 面条适量

配料： 油菜、味精、精盐、小葱、辣椒酱、老抽、生抽、干辣椒、色拉油各适量

操作步骤

①油菜洗净切段，放开水锅中焯熟；干辣椒切末；小葱切葱花备用；面条煮熟。

②在面条上放油菜，然后将辣椒酱、精盐、味精、生抽、老抽、干辣椒末、葱花拌好，倒入面条里。

③把色拉油烧热至冒烟，往面里一泼，最后撒点葱花即可。

操作要领

盛面的碗要尽量选择大的，方便拌面。

营养贴士

油菜具有降血脂、解毒消肿、宽肠通便、强身健体的功效。

主料： 圆形担担面350克，宜宾碎米芽菜70克，肉末100克

配料： 生抽、鸡精、精盐、蒜末、辣椒油、葱花、花椒油、芝麻油、糖、醋、花椒、植物油各适量

操作步骤

①炒锅洗干净，放植物油烧热，加入肉末炒开，一直煸炒至水汽全部蒸发，肉末稍微炸干炸脆，加入一小把花椒炒香，加入适量的碎米芽菜翻炒香，盛出。

②炒好肉末的锅可以直接加水煮面，面煮好后捞出，控干水分放入碗里。

③将所有调味料混合均匀，调成调味汁，浇入面中，舀上适量碎米芽菜肉末，拌匀即可。

操作要领

可以提前把花椒炒香，然后压碎放入肉末中，以避免太麻。

营养贴士

此面具有温中、止泻、止痛、消食积、解毒、补血、改善血液循环、延缓衰老、抗氧化等功效。

视觉享受：★★★★★　味觉享受：★★★★★　操作难度：★

川式担担面

TIME 20分钟

菜品特点

卤汁酥香
咸鲜微辣

怪味凉面

TIME 20分钟

视觉享受：★★★★
味觉享受：★★★★
操作难度：★★

菜品特点
多味调和
清爽利口

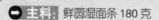

主料： 鲜圆湿面条180克

配料： 黄瓜1根，白萝卜1个，葱花、姜末、蒜末、花椒粉、芝麻酱、酱油、白醋、糖、精盐、辣油各适量

操作步骤

①黄瓜洗净切丝，白萝卜洗净切丝；将凉开水慢慢加入芝麻酱中拌开，再加入姜末、蒜末、花椒粉、酱油、白醋、糖、精盐、辣油拌匀成酱汁。

②鲜圆湿面条放入开水锅中煮开，点2次水，捞出过冷水，沥干水分。

③将熟凉面放入碗中，把黄瓜丝和萝卜丝放在面上，撒上葱花，淋上调好的酱汁即可。

操作要领

面煮好后，可滴入少许香油防粘。

营养贴士

黄瓜具有利水、清热、解毒等功效。

视觉享受：★★★ 味觉享受：★★★★ 操作难度：★★

炒米粉

TIME 20分钟

菜品特点
口味丰富
营养全面

主料： 米粉适量

配料： 猪肉20克，香菇4朵，豆芽、胡萝卜、酱油、胡椒粉、香油、葱、精盐、植物油各适量

操作步骤

①米粉泡软；豆芽洗净，去根；香菇泡发洗净，切片；猪肉、胡萝卜、葱洗净切丝备用。

②锅倒入植物油浇热，放香菇爆香，加入猪肉丝、豆芽、胡萝卜丝及酱油、胡椒粉、香油、精盐一起拌炒，再加少量水继续煮开。

③将泡好的米粉放入汤汁中拌炒，使其均匀上色，约10分钟后加葱丝改小火炒至水分收干即可。

操作要领

猪肉切丝后最好先用精盐、料酒、水淀粉等腌料腌渍一段时间。

营养贴士

豆芽富含极易被人体吸收的各种微量元素和生物活性水，可以防止雀斑、黑斑，使皮肤变白。

主料： 面条150克，白菜80克

配料： 鸡蛋1个，葱末、姜末、精盐、美极鲜、植物油、葱花各适量

操作步骤

①将鸡蛋打成蛋液，摊成薄薄的蛋皮，切成细长条备用；白菜洗净切丝。

②起锅倒油，倒入所有调料，爆炒葱末、姜末，将白菜丝倒进去煸炒，待白菜断生时，倒入水烧开，放入面条，开小火煮5分钟关火，盛出放上蛋皮条，撒上葱花即可。

操作要领

蔬菜可以根据个人的喜好随意添加。

营养贴士

白菜具有增强抵抗力、解渴利尿、通利肠胃、促消化等功效。

视觉享受：★★★★ 味觉享受：★★★★★ 操作难度：★

爆锅面

TIME 15分钟

菜品特点
简单易做
营养丰富

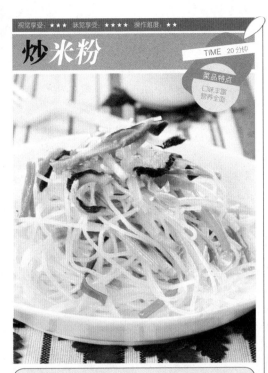

甜水面

TIME 50分钟

视觉享受：★★★★
味觉享受：★★★★★
操作难度：★★

菜品特点
色泽油亮
味道鲜美

主料： 面粉1000克

配料： 复制红酱油200克，红油辣椒150克，芝麻油、精盐、蒜、鸡精、芝麻酱、黄豆粉各适量，熟菜油少许

操作步骤

①面粉加清水、精盐揉匀后用湿布盖住，醒约30分钟，揉成团；蒜拍扁切碎。

②案板上抹熟菜油少许，将面团擀成0.5厘米厚的面皮，切成0.5厘米宽的条，撒上少许面粉。

③水烧开后将面条两头扯一下，入开水，煮熟后捞出略凉，撒上少许熟菜油抖散。

④将复制红酱油、芝麻酱、黄豆粉、鸡精、芝麻油、红油辣椒、蒜碎拌匀做成调料，淋在面条上即可。

操作要领

和面时加少许精盐，可使面条软硬适度。

营养贴士

芝麻油具有改善血液循环、延缓衰老、抗氧化等功效。

视觉享受：★★★★ 味觉享受：★★★★ 操作难度：★★

酸辣面

TIME 40 分钟

菜品特点 酸辣爽口 营养丰富

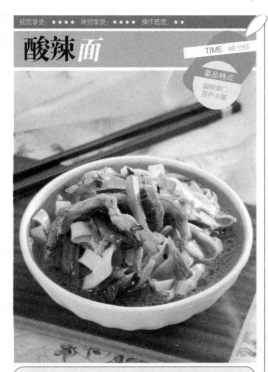

主料： 宽面条 250 克，猪瘦肉 160 克，酸菜 50 克

配料： 青椒 2 个，花椒、浓汤宝、植物油、白醋、辣椒油、精盐、蒜茸各适量

操作步骤

①青椒去蒂和籽，切成条；猪瘦肉洗净，切成细丝。

②锅内放植物油烧热，放花椒用小火炒香捞起，再爆香蒜茸，放入瘦猪肉丝炒散至肉色变白。

③倒入青椒和酸菜，翻炒均匀，注入 750 克清水以大火煮沸，倒入浓汤宝搅散，用小火慢煮 10 分钟，加入白醋、辣椒油和少许精盐调匀，做成酸辣汤。

④另烧开一锅水，加入精盐，放入面条打散煮至沸腾，浇入 250 克清水，再次沸腾后将面条捞出过冷水，倒入酸辣汤中搅匀煮沸，便可起锅。

操作要领

花椒要用小火炒香。

营养贴士

此面具有促消化、解毒、补血等功效。

主料： 蛤蜊、芸豆、面条各适量

配料： 鸡蛋 1 个，花生油、葱花、姜末、蒜末、精盐、味精、香油各适量

操作步骤

①将蛤蜊洗净煮熟，剥肉洗净备用，蛤蜊汤过滤掉杂质备用；将芸豆洗净去筋切丁，放开水锅内烫一下，捞出。

②锅内加花生油，油开后，放葱花、姜末、蒜末爆锅，将芸豆倒入锅内炒熟。

③加入蛤蜊汤煮开，放入蛤蜊肉，将鸡蛋打散后，倒入锅中搅成蛋花，放少许精盐和味精，点入香油，倒入煮好的面条里即可。

操作要领

蛤蜊本身就有咸味，可以依个人口味适量加精盐。

营养贴士

芸豆具有提高人体免疫力、缓解慢性疾病、护发、促进新陈代谢等功效；蛤蜊具有滋阴润燥、利尿消肿、软坚散结等功效。

视觉享受：★★★★ 味觉享受：★★★★ 操作难度：★★

芸豆蛤蜊打卤面

TIME 30 分钟

菜品特点 简单易做 营养丰富

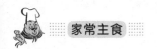

宋嫂面

TIME 30分钟

视觉享受：★★★★
味觉享受：★★★★★
操作难度：★★★

菜品特点
筋薄光滑 味道鲜美

主料： 手工细面条1000克

配料： 鲜鲤鱼肉300克，鲜肉汤400克，熟猪油500克，鳝鱼骨250克，油脂、酱油各100克，冬笋75克，葱50克，虾仁50克，豆瓣酱45克，料酒50克，鸡蛋清30克，湿淀粉25克，花椒油、红辣椒油各25克，醋15克，生姜1块，水发香菇5克，精盐、味精、胡椒粉各适量

操作步骤

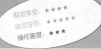

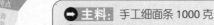

①将鲜鲤鱼肉切小块，加适量精盐、料酒、鸡蛋清、湿淀粉及冷水调拌均匀；将豆瓣酱剁细；香菇切碎；冬笋切成小方块；虾仁横切两半；葱切花；姜切片。

②锅内放熟猪油烧至六成热，放入鱼块，散后倒入漏勺内沥去多余猪油。

③将油脂烧热，放入豆瓣酱煸出红油，掺入鲜肉汤烧沸，捞出豆瓣渣，放入鳝鱼骨、葱花、姜片，煮出香味后，将各种原料捞出。

④再加入虾仁、冬笋、香菇稍煮，加入精盐、鱼块、醋，用湿淀粉勾芡，最后加入花椒油制成臊子。

⑤将酱油、胡椒粉、熟猪油、红辣椒油、味精分别放于20个碗中，水沸后放入面条，煮熟后捞入碗内，浇上臊子，撒上葱花即可。

操作要领

煮面条的水要宽，不要煮过，以柔韧滑爽为宜。

营养贴士

鲤鱼的脂肪多为不饱和脂肪酸，能很好地降低胆固醇，可以防治动脉硬化、冠心病。

视觉享受：★★★★ 味觉享受：★★★★ 操作难度：★★

番茄鱼片面

TIME 30分钟

菜品特点

味道鲜美
营养丰富

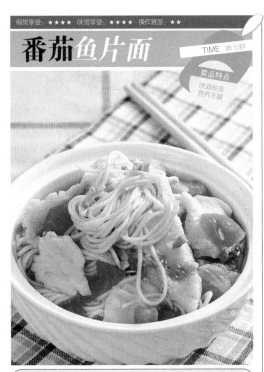

主料： 面条、黑鱼片、番茄各适量

配料： 植物油、料酒、胡椒粉、精盐、鸡精、酱油、蛋清、湿淀粉、葱花各适量

操作步骤

①黑鱼片洗净，沥干水分，加入精盐、料酒、蛋清、湿淀粉抓匀后腌10分钟；番茄洗净切小块；锅中烧开水，放入面条煮熟，捞出立刻放入冷水下冲凉。

②锅中放植物油（略多些）烧热，放入腌好的黑鱼片，滑炒至颜色变白关火，捞出备用。

③锅中留底油，烧热后放入番茄，翻炒片刻，加入开水，调入精盐、鸡精和少许酱油，烧沸后放入面条煮15秒左右关火，捞出盛在碗底，铺上黑鱼片，倒入面汤，撒上葱花、胡椒粉即可。

操作要领

腌鱼时，按精盐、料酒、蛋清、湿淀粉的顺序加入，然后充分抓匀。

营养贴士

黑鱼具有祛风治疳、补脾益气、利水消肿等功效。

主料： 面条适量

配料： 黄瓜1根，煮鹌鹑蛋1个，白萝卜、辣白菜、牛肉、辣椒面、香油、熟芝麻、蒜泥、洋葱丁、精盐、酱油各适量

操作步骤

①牛肉切大块浸凉水洗净，放进凉水锅里用旺火煮开，撇去血沫，放入酱油、精盐，改微火炖熟，捞出晾凉后切丝，将牛肉汤稍过滤后放入容器内待用。

②黄瓜去皮洗净切丝，白萝卜洗净切丝，辣白菜切片，煮鹌鹑蛋去壳切两半，蒜泥、辣椒面和水搅成糊状的蒜辣酱。

③将面条放入开水锅里煮熟，捞出放入凉水中过凉。

④将面条放入碗中，放上牛肉丝、辣白菜、黄瓜丝、洋葱丁、煮鹌鹑蛋，浇上蒜辣酱，浇上牛肉汤，撒上熟芝麻，淋上香油即可。

操作要领

黄瓜也可以用专门给蔬菜擦丝的工具擦成丝，既方便又快捷。

营养贴士

牛肉有补中益气、滋养脾胃、强健筋骨、化痰息风、止渴止涎等功效。

视觉享受：★★★★ 味觉享受：★★★★ 操作难度：★★

朝鲜冷面

TIME 40分钟

菜品特点

冰凉清淡
酸辣爽口

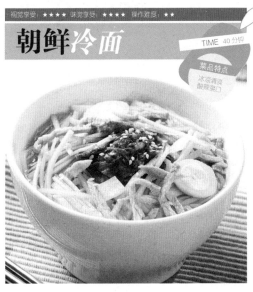

西蓝花通心粉

TIME 30分钟

视觉享受：★★★★★
味觉享受：★★★★★
操作难度：★★

菜品特点
营养丰富
味道极佳

主料： 意大利通心粉450克，西蓝花1棵

配料： 橄榄油120克，胡萝卜1个，大蒜2瓣，切好的新鲜欧芹、大蒜粉、磨碎的帕马森干酪、黑胡椒粉、木耳、精盐各适量

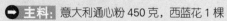

操作步骤

①西蓝花洗净分切成小朵；胡萝卜洗净，切片；蒜剁碎；木耳泡发洗净，撕小片。

②将意大利通心粉放入加了少许精盐的一大锅开水里，中偏大火煮到全熟有嚼劲，捞出沥干水分；在煮意大利通心粉的同时，把西蓝花放入沸水中焯一下直至菜软。

③取一个大的煎锅，倒入橄榄油预热，加胡萝卜炒至金黄，加入大蒜煎至金黄，再放入西蓝花、木耳炒匀，拌入新鲜欧芹、大蒜粉、精盐和黑胡椒粉调味。

④把煮好的意大利通心粉放入一个大碗里，放入炒好的胡萝卜、西蓝花混合物拌匀，上面撒上帕马森干酪即可。

操作要领

通心粉煮至有嚼劲最好，太软就没口感了。

营养贴士

西蓝花有补肾填精、健脑壮骨、补脾和胃等功效。

视觉享受：★★★★ 味觉享受：★★★★ 操作难度：★★

蛤蜊打卤面

TIME 30分钟

主料： 面条、蛤蜊各适量

配料： 鸡蛋、植物油、精盐、油菜各适量

操作步骤

①蛤蜊提前泡一晚上，洗净，放入锅中，加水烧开，撇净浮沫，待蛤蜊都开口后关火；油菜洗净，放沸水中烫一下；鸡蛋打成蛋液。

②面条放入开水锅中煮熟，捞出过凉水，盛入碗中，放入油菜。

③热锅放油，放入蛤蜊加热，加精盐，然后倒入泡蛤蜊的水勾芡，将蛋液浇入，搅成蛋花，再炒一会儿收一下汁，浇在面条上即可。

操作要领

蛤蜊本身有咸味，根据自己的口味，适量加精盐。

营养贴士

蛤蜊味甘、咸，性微寒，具有滋阴润燥、利尿消肿、软坚散结等功效。

主料： 面条、木耳、瘦肉各适量

配料： 鸡蛋1个，姜片、酱油、料酒、五香粉、湿淀粉、糖、精盐、葱花、植物油各适量

操作步骤

①木耳开水泡发后掐根去沙，切丝；瘦肉切丝，用酱油、料酒、五香粉和精盐抓匀，静置20分钟以上；面条入开水锅煮熟，捞出过凉水；鸡蛋打散成蛋液。

②锅内热植物油爆姜片，倒入肉丝迅速划散，待肉色变白盛出。

③锅中留底油，放入木耳爆炒2分钟，加500克开水、适量酱油和糖入锅，盖上锅盖，水沸后转中火煮5～8分钟，放肉丝搅匀，倒入蛋液，搅成蛋花，转大火煮2分钟，加精盐调味，用湿淀粉勾薄芡成卤，浇在面条上，撒上葱花即可。

操作要领

木耳应提前泡发。

营养贴士

此面具有益气、轻身强智、止血止痛、补血活血、补肾滋阴等功效。

视觉享受：★★★★ 味觉享受：★★★★ 操作难度：★★★

木耳肉丝打卤面

TIME 30分钟

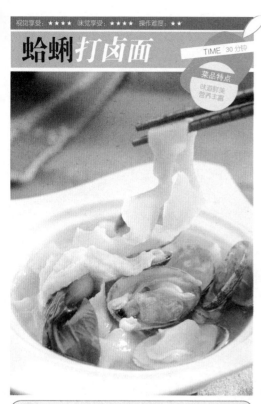

炒通心粉

TIME 20分钟

视觉享受：★★★★
味觉享受：★★★★
操作难度：★

菜品特点
简单易做
营养丰富

主料： 通心粉300克

配料： 洋葱1个，精盐8克，蒜末5克，白砂糖3克，亨氏番茄沙司20克，芹菜、胡萝卜、萝卜干、蚝油、植物油各适量

操作步骤

①锅中烧开水，放入通心粉，调入适量精盐，中火煮10分钟，捞入凉开水中浸凉后捞出；洋葱切宽条；芹菜洗净切段；胡萝卜洗净切条。

②锅内倒植物油烧热，下蒜末爆香，加洋葱和番茄沙司翻炒，调入白砂糖，炒匀后加入芹菜、胡萝卜、萝卜干，翻炒均匀，调入蚝油炒匀，加入通心粉炒匀，最后调入少许精盐炒匀即可出锅。

操作要领

糖和精盐可以根据自己的口味来加。

营养贴士

芹菜具有平肝降压、镇静安神、防癌抗癌、养血补虚等功效。

视觉享受：★★★★ 味觉享受：★★★★ 操作难度：★

芥蓝汤面

TIME 30分钟

菜品特点

清香美味
营养丰富

主料： 面条200克，猪肉150克，芥蓝、洋葱各适量

配料： 植物油20克，葱、姜各5克，酱油6克，绍酒15克，精盐3克，味精1克，水淀粉4克，香油2克，料酒、鲜汤各适量

操作步骤

①芥蓝洗净切丝；洋葱切丁；葱、姜切末；猪肉切丝，放入碗中，加入酱油、绍酒、水淀粉，腌10分钟。

②铝锅中加入清水烧开，放入面条，煮熟，捞出放入碗内。

③锅内倒植物油烧热，放入肉丝炒变色，加芥蓝翻炒均匀，加葱末、姜末、料酒，添上鲜汤，加酱油、精盐、味精调味，等汤煮开时，放入洋葱，淋上香油，出锅倒入面碗中即可。

操作要领

猪肉先腌制一段时间，更入味。

营养贴士

此面具有解毒利咽、顺气化痰、平喘、补肾养血、滋阴润燥等功效。

主料： 通心粉1包，西芹、五花肉、土豆各适量

配料： 灯笼椒1个，沙拉酱、精盐、糖、葱末、姜末、料酒各适量

操作步骤

①锅中倒水，加入少许精盐，放火上煮沸后放入通心粉煮熟，捞出放入冷水中浸一段时间，沥干水分，放入沙拉酱拌匀；五花肉用水煮熟后取出，加葱末、姜末、料酒调味；西芹洗净切段，土豆去皮洗净切小块，放入水中煮熟；灯笼椒洗净切两半。

②将五花肉、西芹、土豆、灯笼椒与通心粉混合拌匀即可食用。

操作要领

沙拉和凉拌菜很相似，选料和调料可以根据自己的口味调整。

营养贴士

本品具有降血压、安神、防癌、健胃、利尿、养肝等功效。

视觉享受：★★★★ 味觉享受：★★★★ 操作难度：★

通心粉沙拉

TIME 30分钟

菜品特点

营养丰富
老少皆宜

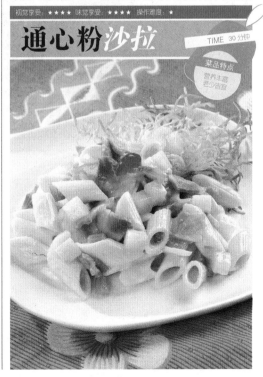

豆角肉丝焖面

TIME 25分钟

视觉享受：★★★★
味觉享受：★★★★
操作难度：★★

菜品特点
味道鲜美
营养丰富

主料： 豆角250克，土豆2个，猪肉100克，南瓜150克，手擀面250克

配料： 葱、姜、蒜、姜粉、花椒粉、大料粉、料酒、酱油、精盐、植物油各适量

操作步骤

①豆角洗净切段；土豆去皮切条；南瓜去皮去瓤切条；猪肉切丝；葱、姜、蒜切末。

②锅中放植物油烧热，放入少量的姜粉、花椒粉、大料粉，油七成热时放入切好的肉丝和葱末、姜末、蒜末，煸炒至肉丝变白色后加适量料酒和酱油，翻炒倒入切好的土豆条和豆角，加入适量盐，煸炒断生，放入南瓜条，加入适量水，没过菜两指高，盖锅盖炖至南瓜烂熟。

③把手擀面弄断，平铺在菜上，加点精盐，转小火焖10分钟左右即可。

操作要领

焖面时，切记要少揭锅盖。

营养贴士

豆角中含有丰富的维生素B、维生素C和植物蛋白质，有解渴健脾、益气生津的功效。

视觉享受：★★★★★ 味觉享受：★★★★★ 操作难度：★★

酸汤面

TIME 20 分钟

菜品特点：酸中带辣 开胃爽口

主料： 鱿鱼、水发木耳、笋、香菜、面条各适量

配料： 鸡蛋、香菇、胡萝卜、葱花、老抽、精盐、味精、醋、鸡精、植物油各适量

操作步骤

①香菇洗净切片；胡萝卜、木耳、笋洗净切丝；香菜洗净切段；鸡蛋磕入碗中打散；面条放锅中煮熟，盛入碗中。

②锅中放植物油，油热后放入葱花爆香，放入鱿鱼翻炒到卷曲，放入香菇、胡萝卜、笋、木耳翻炒，加点儿精盐，炝入醋，稍微翻搅一下后，倒入清水，开大火烧开。

③鸡蛋打均匀后，将火关小，转着圈一点点滴入锅内，用汤勺慢慢翻搅，烧开，滴几滴老抽，放入鸡精和味精，倒入盛有面的碗中，撒上香菜段即可。

操作要领

为了突出酸味，可以多放一些醋。

营养贴士

醋具有一定的杀菌抑菌作用，而且还有软化血管、消除疲劳的功效。

主料： 意大利面 200 克，鱿鱼、蛤蜊肉、虾各 100 克

配料： 胡萝卜、芹菜、平菇、海鲜酱、淀粉、色拉油、精盐各适量

操作步骤

①将意大利面入汤锅煮至熟；虾去虾线，处理干净；芹菜洗净切斜片；胡萝卜洗净切片；平菇洗净，用手撕成一片一片的；鱿鱼、蛤蜊肉用海鲜酱和淀粉抓匀上浆。

②热锅加色拉油，将腌好的鱿鱼、蛤蜊肉、虾下锅，爆炒至熟，再将煮好的意大利面回锅。

③放入胡萝卜片、芹菜片、平菇翻炒，依个人口味，加少许精盐调味即可。

操作要领

用海鲜酱腌渍鱿鱼和蛤蜊，更加香鲜。

营养贴士

蛤蜊具有滋阴润燥、利尿消肿、软坚散结等功效。

视觉享受：★★★★★ 味觉享受：★★★★★ 操作难度：★★

海鲜意大利面

TIME 20 分钟

菜品特点：味道鲜美 鲜香可口

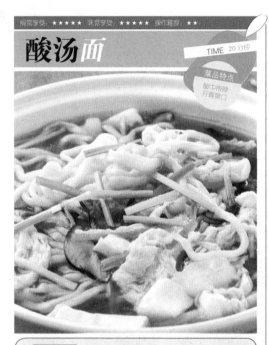

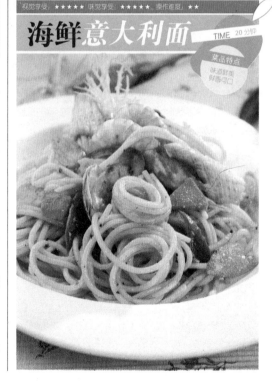

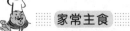

炒面

TIME 20分钟

视觉享受：★★★★
味觉享受：★★★★
操作难度：★

菜品特点
简单易做 营养可口

主料： 面条100克，西葫芦120克，猪肉丝90克

配料： 青椒、青菜、姜末、蒜末、淀粉、精盐、鸡精、鲜抽、植物油各适量

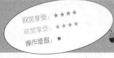

操作步骤

①锅里烧开水，放些精盐，放入面条煮熟，捞出，用些植物油搅拌好待用；西葫芦洗净切丝；青菜洗净切段；青椒洗净切条；猪肉丝加精盐、淀粉抓匀，腌30分钟。

②锅里烧热植物油，放姜末、蒜末炒香，放入猪肉丝翻炒至变色，放入西葫芦、青菜、青椒煸炒至发蔫，加些精盐煸匀，放入面条炒匀，加些鲜抽炒匀，最后加鸡精调味即可。

操作要领

可以根据个人口味，选择放或不放鲜抽。

营养贴士

西葫芦具有润泽肌肤、调节人体代谢、抗癌防癌、清热利尿、除烦止渴、润肺止咳、消肿散结等功效。

视觉享受：★★★★ 味觉享受：★★★★ 操作难度：★★

小炒乌冬面

TIME 20分钟

主料： 乌冬面、虾仁、豆芽、胡萝卜、青椒、火腿各适量

配料： 精盐、糖、蚝油、植物油、酱油、鸡精、料酒、淀粉各适量

操作步骤

①乌冬面放入开水锅中汆2分钟捞出过凉水；豆芽洗净去根；火腿切丝；胡萝卜、青椒洗净切丝；虾仁洗净，沥干水，加料酒、淀粉抓匀腌10分钟。

②锅内放植物油，放入虾仁，炒至变色后捞出。

③锅中留底油，放入豆芽、萝卜丝、青椒丝、火腿丝翻炒，放入炒好的虾仁快炒，放入乌冬面，加入酱油、精盐、糖、鸡精、蚝油炒匀即可出锅。

操作要领

乌冬面煮的时间不能太长，不然炒出来口感不好。

营养贴士

此面具有保护心血管、通乳、增强抵抗力、降糖降脂、明目等功效。

主料： 乌冬面、虾仁、鱿鱼各适量

配料： 洋葱丝、青椒丝、植物油、精盐、胡椒粉、老抽、料酒、淀粉各适量

操作步骤

①乌冬面放入开水锅中汆2分钟捞出过凉水；鱿鱼、虾仁洗净，沥干水，加料酒、淀粉抓匀，腌10分钟。

②锅中加一些植物油，加入虾仁、鱿鱼翻炒至虾仁变色捞出。

③锅中留底油，放入洋葱丝、青椒丝翻炒，加一些老抽，再放入炒好的鱿鱼、虾仁，快速翻炒，放入乌冬面，加一点老抽、精盐、胡椒粉炒匀即可。

操作要领

乌冬面煮的时间要尽量短些，不然炒出来没有弹性，没口感。

营养贴士

此面具有补肾壮阳、排毒、护肝、滋阴养胃、补虚润肤等功效。

视觉享受：★★★★ 味觉享受：★★★★ 操作难度：★★

海鲜炒乌冬面

TIME 20分钟

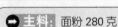

打卤手擀面

TIME 20分钟

视觉享受：★★★★★
味觉享受：★★★★★
操作难度：★★

菜品特点
营养丰富
味道鲜美

主料： 面粉 280 克

配料： 西红柿 2 个，鸡蛋 4 个，花生油 20 克，精盐、鸡精各 2 克，油菜 1 棵，葱花、姜末、蒜末各适量

操作步骤

①面粉里打入 2 个鸡蛋，添加少许凉水和成面团，醒 20 分钟；西红柿洗净切成滚刀块；油菜洗净对半切开；把鸡蛋磕到碗里，打成蛋液。

②醒好的面团放到面板上多揉一下，加薄面擀成薄片折叠起来，用刀切成宽面条。

③锅里放油，六成热时放葱花、姜末、蒜末、西红柿翻炒，加精盐和少量水，倒入鸡蛋液，开锅后放鸡精调味出锅。

④锅里放入足量的水，烧开后下入面条，放入油菜，开锅稍煮即熟，捞入碗中，与盛卤的碗一同上桌即可。

操作要领

醒好的面团放到面板上多揉一下，是为了排出里面的气。

营养贴士

鸡蛋有润燥、增强免疫力、护眼明目等功效；西红柿有健胃、消食积、生津止渴等功效。

视觉享受：★★★★★ 味觉享受：★★★★★ 操作难度：★★

川香牛肉面

TIME 30分钟

菜品特点：肉烂汤鲜 面质精细

主料： 面条、牛肉各适量

配料： 葱末、姜末、蒜末、桂皮、八角、干辣椒、豆瓣酱、五香粉、香叶、油辣椒、植物油、香菜碎各适量

操作步骤

①牛肉去血水，切片；蒜、姜切末；葱切花。

②锅倒油烧至八成热，放葱末、姜末、蒜末、八角、干辣椒煸香后再放豆瓣酱翻炒，放入牛肉片煸炒一会儿，加水、五香粉、香叶、桂皮炖制。

③牛肉快熟时，面碗里放油辣椒，再盛牛肉汤；面条煮熟后捞在盛好牛肉汤的碗里，最后放炖熟的牛肉片，撒上香菜碎、葱花即可。

操作要领

牛肉大约要炖2小时。

营养贴士

牛肉有补中益气、滋养脾胃、止渴止涎等功效，适于中气下陷、贫血久病及面黄目眩之人食用。

主料： 面条200克，香菇150克，猪肉丝100克

配料： 酱油、蒜片、姜丝、淀粉、植物油、冬笋、胡萝卜、精盐、醋、辣椒粉各适量

操作步骤

①猪肉丝用淀粉、酱油抓匀；香菇洗净切片；胡萝卜洗净切片；冬笋洗净焯水，切滚刀块；将精盐、酱油、醋、辣椒粉等调料混合到一起，放入碗中备用。

②锅加热后放植物油，放入蒜片和姜丝爆锅，放入肉丝炒散，放精盐炒匀后盛出。

③锅中烧开水，放入面条，放入香菇片、冬笋块、胡萝卜片，煮至面条八成熟时，放入炒好的肉丝煮至面熟，将面条汤加至放调料的碗中，将调料匀开，将面条盛至碗中即可。

操作要领

冬笋焯水，可以去除涩味。

营养贴士

香菇是具有高蛋白、低脂肪、多糖、多种氨基酸和多种维生素的菌类食物，具有提高机体免疫功能、延缓衰老、防癌抗癌等功能。

视觉享受：★★★★ 味觉享受：★★★★ 操作难度：★★

肉丝香菇面

TIME 20分钟

菜品特点：清淡爽口 鲜香味美

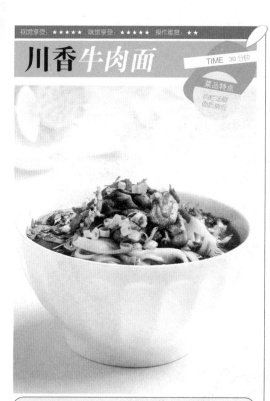

牛肉土豆粉

TIME 90分钟

视觉享受：★★★★
味觉享受：★★★★★
操作难度：★★★

菜品特点
柔韧筋道
色泽白亮

主料： 牛肉200克，土豆粉400克

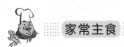

配料： 姜1块，葱、八角、花椒、白糖、老抽、生抽、味精、蒜、精盐、食用油各适量

操作步骤

①姜洗净拍散；葱切花；牛肉洗净放入煮锅中，加入适量水煮沸，撇去浮沫，放入葱和姜，煮熟稍放凉，切成长方片，煮牛肉的汤保留。

②炒锅上火，放食用油，油热后放入八角炒香，捞出八角，放入白糖炒化变黄色刚冒泡时，放入牛肉片翻炒，倒入煮牛肉的汤烧开。

③倒入煮锅中继续煮，放入姜、花椒、蒜、老抽、生抽，小火慢炖60分钟，放入精盐和味精。

④土豆粉放入沸水中煮熟，捞出放入大汤碗里，把牛肉片摆在土豆粉上，撒上葱花，再浇上牛肉汤即可。

操作要领

牛肉第一次煮时要边煮边撇去浮沫。

营养贴士

牛肉有补中益气、滋养脾胃、强健筋骨、化痰息风、止渴止涎的功效。

可心甜点

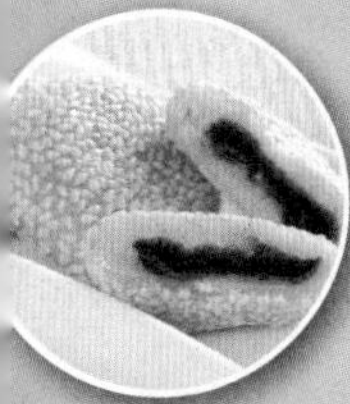

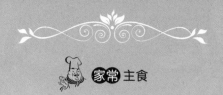

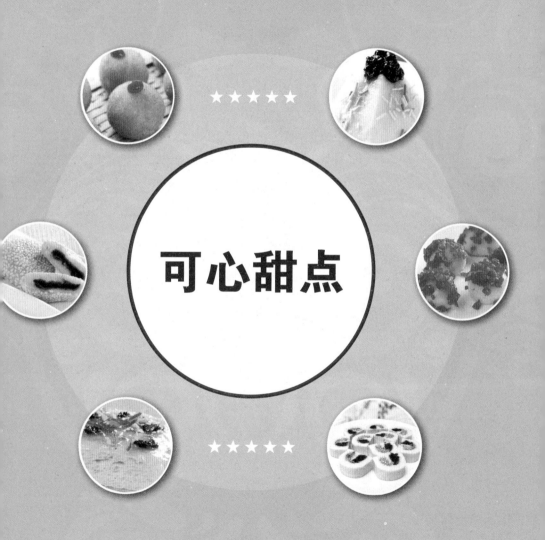

黄金红薯球

TIME 40分钟

视觉享受：★★★★
味觉享受：★★★★
操作难度：★

菜品特点
色泽金黄
味道极佳

主料： 红薯500克，澄面100克，淀粉50克

配料： 白糖、炼乳、番茄酱各适量

操作步骤

①红薯洗净，上蒸锅蒸熟，去皮，用擀面杖捣烂成泥，盖保鲜膜，放入微波炉高火2分钟，趁热加入澄面、淀粉、白糖和炼乳，趁热用擀面杖将其搅拌成团，晾凉后搓成小球形。

②烤盘铺油纸，将其码入，烤箱预热到200℃，烤5分钟，转180℃烤15分钟，取出滴上番茄酱即可。

操作要领

因为淀粉需要烫才能有黏性，所以需要将红薯泥微波加热。

营养贴士

红薯具有抗癌、通便减肥、提高免疫力、抗衰老等功效。

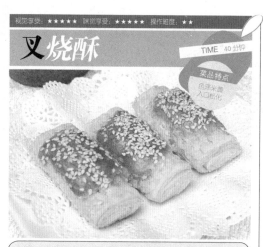

视觉享受：★★★★★ 味觉享受：★★★★★ 操作难度：★★

叉烧酥

TIME 40分钟

菜品特点：色泽米黄 入口松化

主料： 面粉 450 克，叉烧肉 200 克

配料： 鸡蛋 1 个，白砂糖 25 克，黄油 150 克，猪油 260 克，叉烧酱 200 克，白芝麻 15 克

操作步骤

①叉烧肉切成丁，加入叉烧酱拌匀，成为叉烧馅料；鸡蛋磕入碗中，取出 1/2 个蛋黄（刷表面用），其余打散成蛋液。

②将面粉 250 克、加蛋液、白砂糖与猪油 10 克混合，揉成水油面团；将剩余的面粉、猪油、黄油混合，揉成油酥面团。将和好的两块面团放入冰箱冷藏室冷藏 10 分钟。

③取出水油面团，用擀面杖擀成长方形面片，然后取出油酥面团，将油酥面团均匀地铺在水油面片上，将面片向中间折叠为 3 折，然后用擀面杖轻轻擀薄，再折叠为 3 折，再擀薄，然后切成 6 厘米长、4 厘米宽的长方形面皮。

④取一张切好的面皮，包入适量叉烧馅，卷成长条形，两边压紧，依次将所有面皮都包成叉烧酥生坯，用毛刷刷上蛋黄，撒上白芝麻，放入烤盘中。将烤箱火力调至 200℃，预热后将烤盘移入烤箱，烤约 15 分钟即可。

操作要领

烤好的叉烧酥一定要趁热吃，凉了之后会有油腻感。

营养贴士

此点心具有补血益气、养阴补虚等功效。

主料： 汤圆 150 克，酒酿 200 克

配料： 细砂糖 50 克，桂花酱适量

操作步骤

①锅中加 3 碗水煮开，加入酒酿，至汤汁再次滚沸时，加入汤圆。

②煮至汤圆浮起，加细砂糖煮溶后熄火即成，食用时加点桂花酱即可。

操作要领

食用时加桂花酱是为了提味。

营养贴士

此汤圆具有健脾胃、促进血液循环、增强御寒能力等功效。

视觉享受：★★★★ 味觉享受：★★★★ 操作难度：★

酒酿汤圆

TIME 20分钟

菜品特点：香甜可口 简单易做

蓝莓山药泥

TIME 20分钟

视觉享受：★★★★
味觉享受：★★★★★
操作难度：★

菜品特点
甜香软糯
健康美味

主料： 山药适量
配料： 蓝莓酱、蜂蜜、糖针各适量，精盐少许

操作步骤

①山药洗净切段，放锅中隔水蒸熟，去皮后压成泥，加少许精盐，装入裱花袋中，挤成自己喜欢的形状。

②蓝莓酱加适量清水和蜂蜜调和均匀，淋在山药泥上，撒上糖针即可。

操作要领

如果山药太干，可以适当放些牛奶稀释一下，口感会更好。

营养贴士

山药具有止泻、健脾、补肺等功效；蜂蜜具有补脾胃、润肺止咳、解毒等功效。

视觉享受：★★★★★ 味觉享受：★★★★★ 操作难度：★

芸豆卷

TIME 60分钟

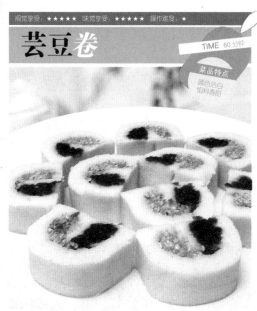

主料： 白芸豆200克，枣泥100克，白芝麻30克

配料： 白砂糖15克

操作步骤

①白芸豆洗净后用凉水浸泡12个小时左右（夏天热，放到冰箱里浸泡），捞出去皮，放入碗中，加水与芸豆持平即可，用大火蒸30分钟，关火焖10分钟左右；将白芝麻放入干锅中炒一下，稍微晾凉后与白砂糖混合，待用。

②用勺子把蒸软的芸豆碾成泥，过筛，把过好筛的芸豆泥放到一个保鲜袋里隔着袋子用手掌揉几下，用擀面杖把保鲜袋里的芸豆泥擀成约5毫米厚的大片，用刀子把长方形的袋子的一个短边和一个长边划开，把袋子展开，在芸豆皮的一端挤上一条枣泥，另一端撒一条混合好的白芝麻，将芸豆皮卷住两端的馅料，对着往里卷实，整好型，切块即可。

操作要领

白芝麻用干锅炒一下，吃起来会更香。

营养贴士

此甜点具有温中下气、利肠胃、养血安神、补血明目、益肝养发等功效。

主料： 红薯、糯米粉、豆沙馅各适量

配料： 油适量

操作步骤

①红薯洗净，保留水分，用保鲜膜包好，放入微波炉高火8分钟至软烂。

②用勺子将已经软烂的红薯碾成泥，加适量糯米粉（比例为：红薯泥：糯米粉=1:1），和成光滑面团。

③将面团分成若干份，包入豆沙馅，团成圆球，压扁放入油锅中煎至两面金黄即可。

操作要领

如果觉得红薯泥太干，可加一些牛奶搅拌。

营养贴士

此点心具有补充维生素、防治便秘等功效。

视觉享受：★★★★ 味觉享受：★★★★★ 操作难度：★

豆沙红薯饼

TIME 30分钟

糯米糍

TIME 50分钟

视觉享受：★★★★
味觉享受：★★★★★
操作难度：★

菜品特点
色泽洁白
甜香软糯

主料： 糯米粉500克

配料： 澄粉50克，奶黄馅、面包糠各适量

操作步骤

①将糯米粉、澄粉拌匀，加入开水，充分搅拌均匀，加入适量的冷水，和成面团备用。

②将和好的面团分割成20克大小的剂子，包入适量的奶黄馅，用手搓成椭圆形的坯子。

③将加工好的生坯入沸水锅中煮熟，捞出后迅速放入面包糠中，滚粘上一层面包糠即可。

操作要领

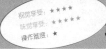

可以根据个人喜好，将面包糠换成椰丝。

营养贴士

糯米是一种温和的滋补品，有补虚、补血、健脾暖胃、止汗等作用，适用于脾胃虚寒所致的反胃、食欲减少、泄泻和气虚引起的汗虚、气短无力、妊娠腹坠胀等症。

视觉享受：★★★★ 味觉享受：★★★★ 操作难度：★★

烤糍粑

TIME 80分钟

主料： 糯米500克

配料： 绵白糖150克，茶籽油10克，葵花子适量

操作步骤

①将糯米淘洗干净，用清水浸泡4～8小时，取出冲净，沥去水分，入甑用旺火蒸1小时取出，倒入盆内，加入绵白糖和一些葵花子，趁热捣成泥状。

②案板抹上茶籽油，放入糯米泥揉匀，搓成圆条，摘成剂子，逐个按扁，做成薄薄的圆糍粑，摊放在竹筛中晾凉。

③铁丝网置小火上，铁丝网离火约6.6厘米，将糯米糍粑放网上烘烤，烤脆即可。

操作要领

烘烤时受热要均匀，不宜用旺火，以免焦煳。

营养贴士

糯米具有补中益气、健脾养胃、止虚汗的功效，对食欲不佳、腹胀腹泻有一定的缓解作用。

主料： 面粉500克

配料： 酵面50克，鸡蛋1个，绵白糖100克，苏打粉5克，菜籽油1500克（约耗150克），小茴香、芝麻各少许

操作步骤

①将鸡蛋磕入盆内搅散，小茴香焙焦碾碎，与绵白糖、苏打粉、酵面、面粉一起倒入鸡蛋液中，加200克清水和匀揉光，盖上湿布醒10分钟，然后将面团擀成约10厘米宽、1厘米厚的面皮，切成1厘米见方的条。

②案板上抹一层菜籽油，取一条面用双手搓成粗细均匀的约83厘米长的条，然后用双掌搓紧，对折后自然扭成麻绳状，裹上少许芝麻。

③锅内加菜籽油，烧至七成热，将麻花入锅，炸至金黄色时，用漏勺捞出，沥去油即成。

操作要领

油炸时油温不宜过高，以免外焦里生。

营养贴士

鸡蛋具有健脑益智、保护肝脏、防止动脉硬化等功效；白糖有润肺生津、止咳、和中益肺、舒缓肝气、滋阴、调味等功效。

视觉享受：★★★★ 味觉享受：★★★★ 操作难度：★★

糖酥麻花

TIME 30分钟

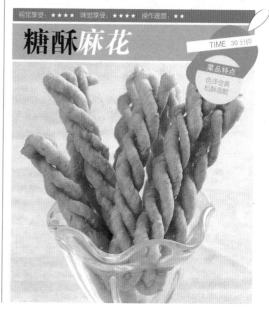

糯米豆沙饼

视觉享受：★★★★
味觉享受：★★★★
操作难度：★

TIME 30分钟

菜品特点
制作简单
甜而不腻

主料： 糯米粉 220 克

配料： 豆沙馅、白芝麻、植物油各适量

操作步骤

①糯米粉加水和成团，分成若干份，每份里都包入豆沙馅，先团成团，再用手按扁，均匀地裹上一层白芝麻。

②锅中放植物油烧热，放入包好的豆沙饼，煎至两面金黄，有点膨胀即可。

操作要领

裹好芝麻后，用手压紧一些，避免煎的过程中芝麻掉落。

营养贴士

此饼具有除热毒、散恶血、消胀满、利小便、通乳等功效。

视觉享受：★★★★ 味觉享受：★★★★ 操作难度：★★

牛奶土豆饼

TIME 25分钟

菜品特点

色泽金黄 粘糯可口

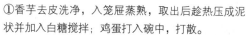

主料： 土豆适量

配料： 鸡蛋1个，精盐2克，牛奶、面粉、绵白糖、植物油、番茄酱各适量

操作步骤

①土豆洗净去皮，上屉锅蒸。

②将鸡蛋打匀，加入牛奶、少量精盐、绵白糖。

③将蒸好的土豆弄碎，倒入调好的牛奶鸡蛋汁，加适量面粉搅拌，制成土豆饼。

④平底锅中放植物油烧热，放入土豆饼，煎至两面金黄，出锅，抹上番茄酱即可。

操作要领

记得用小火来做，否则会影响土豆饼的色泽。

营养贴士

土豆的营养价值非常高，有防止中风、和胃健脾等功效。

主料： 香芋50克，吐司4片

配料： 白糖15克，鸡蛋1个，白芝麻40克，花生油适量

操作步骤

①香芋去皮洗净，入笼屉蒸熟，取出后趁热压成泥状并加入白糖搅拌；鸡蛋打入碗中，打散。

②将吐司切去硬边，每片一分为二，均匀地涂抹上一层香芋泥，卷成一个个小卷，在边缘处刷上少许蛋液封口，两头也刷上蛋液并分别裹上白芝麻。

③炒锅内倒入花生油，烧至七成热，放入吐司卷炸至金黄色即成。

操作要领

吐丝卷封口要做好，两头封口工作也要注意做好，以保证炸的时候不破。

营养贴士

芋头具有益胃、宽肠、通便散结、补中益肝肾、添精益髓等功效。

视觉享受：★★★★★ 味觉享受：★★★★★ 操作难度：★★

芋泥吐司卷

TIME 40分钟

菜品特点

外酥里嫩 软糯美味

核桃枣泥蛋糕

视觉享受：★★★★
味觉享受：★★★★★
操作难度：★★

TIME 45分钟

菜品特点
枣香浓郁
口感细滑

主料： 鸡蛋4个，低筋面粉120克，枣泥162克，核桃碎适量

配料： 植物油80克，白糖70克

操作步骤

①将热水、植物油、枣泥混合，用搅拌机打成糊。

②鸡蛋加糖打发，将过筛3次的低筋面粉分次撒入，用蛋抽拌和成蛋糊。

③分2次将部分蛋糊舀到枣泥糊里混合，再全部倒入蛋糊里，加入核桃碎用刮刀快速拌匀，倒入模型中，放入烤箱，175℃烤35分钟即可。

操作要领

枣泥可自制，枣子蒸熟后去皮、去核，捣烂制成泥状物即可。

营养贴士

此蛋糕具有安神、补脾胃、辅助降血脂、健胃、补血、润肺、养神等功效。

视觉享受：★★★★ 味觉享受：★★★★ 操作难度：★★★

核桃蒸糕

TIME 50分钟

菜品特点：细腻可口 营养美味

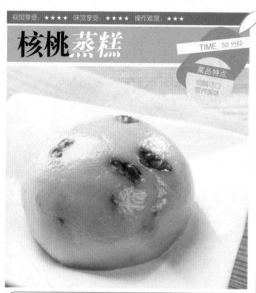

主料： 中筋面粉250克，核桃200克

配料： 蛋黄80克，二砂糖200克，白砂糖粉50克，水果酒20克，发粉3克，精盐2克，蛋白160克，橄榄油35克，奶水40克

操作步骤

①蛋黄与60克二砂糖打至糖溶解。

②中筋面粉和发粉一同过筛，与精盐混合均匀。

③核桃与50克白砂糖粉、20克水果酒一同拌匀，静置30分钟后，放入烤箱以180℃烤约8分钟。

④取部分蛋白与140克二砂糖打至湿性发泡，先取1/3与作法①的蛋黄液拌匀，再加入剩余蛋白拌匀，再加入作法②的混合物拌匀，再与150克做法③的核桃拌匀成面糊。

⑤橄榄油与奶水拌匀，放入部分面糊先拌匀后，再加入剩余面糊一同拌匀，然后装入模型，在表面撒上剩余50克做法③的核桃，移入蒸笼，以中小火蒸约30分钟即可。

操作要领

蒸糕时，一定要用中小火慢慢蒸。

营养贴士

此糕具有补脑、美容、补血益气、活血化瘀、益心血管、调经、养阴补虚等功效。

主料： 糯米粉100克

配料： 油适量，糖粉少许

操作步骤

①将糯米粉倒入容器中，加适量开水，揉成面团，稍醒一会儿。

②将面团分成10克左右的小剂子，搓圆，然后在每个汤圆上用牙签扎几个小眼，放入油锅里炸熟，取出撒上糖粉即可。

操作要领

汤圆上扎些小眼，是为了防止汤圆炸裂。

营养贴士

糯米是一种温和的滋补品，有补虚、补血、健脾暖胃、止汗等功效。

视觉享受：★★★★ 味觉享受：★★★★ 操作难度：★

炸汤圆

TIME 15分钟

菜品特点：香甜可口 简单易做

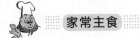

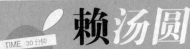

赖汤圆

TIME 30分钟

视觉享受：★★★★
味觉享受：★★★★
操作难度：★

菜品特点
香甜爽滑
肥而不腻

主料： 糯米粉适量

配料： 芝麻、白糖、化猪油各适量

操作步骤

①芝麻、白糖、化猪油搅拌均匀制成馅料。

②糯米粉加水揉匀，擀成面皮，包上馅料，揉成团状。

③锅中烧水，水开后，放入汤圆煮15分钟至熟即可。

操作要领

用旺火沸水煮制，待汤圆浮起，立即加入冷水，保持水沸，而不翻腾。

营养贴士

糯米具有补中益气、健脾养胃、止虚汗的功效，对脾胃虚寒、食欲不佳、腹胀腹泻有一定的缓解作用。

视觉享受：★★★★ 味觉享受：★★★★ 操作难度：★★

板栗夹心糕饼

TIME 30分钟

菜品特点
色泽金黄
口感极佳

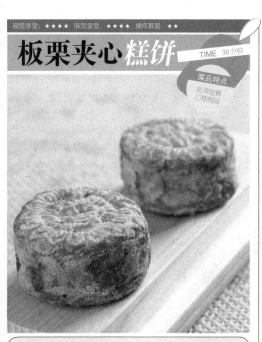

主料： 低筋面粉 120 克，熟板栗 200 克
配料： 色拉油 15 克，白糖 70 克，鸡蛋液 30 克

操作步骤

①熟板栗加白糖，加少许水搅拌打磨成馅；低筋面粉加 10 克鸡蛋液、色拉油、水、白糖，揉成面团。
②将面团擀成 0.3 厘米左右厚的饼皮，用圆形模具取小圆剂，将小圆饼放入烤盘，上面用叉子叉上小孔，放入烤箱中层，180℃烤制 10 分钟左右，取出放凉。
③取一个小圆饼，放上满满的馅，再盖另一个小圆饼，右手轻压两片小圆饼，左手虎口握着旋转，做出来的馅料大概 1 厘米左右厚，然后放入蛋液中滚一圈。
④锅中放色拉油烧热，放入裹满蛋液的夹心饼，中火炸至两面黄金，捞起控油即可。

操作要领

面粉中加入蛋液，可以使面质更加柔软细腻，还可以使口感更好。

营养贴士

板栗具有补脾健胃、补肾强筋、活血止血等功效，对肾虚有良好的疗效。

主料： 五谷米 120 克，发芽糙米茶料 1/3 包
配料： 细砂糖 10 克

操作步骤

①五谷米洗净，与发芽糙米茶料一同放入电锅蒸熟，焖约 20 分钟后打开。
②趁热拌入细砂糖，取出待凉搓揉成丸状即成。

操作要领

五谷米和发芽糙米茶料蒸熟后，再焖 20 分钟。

营养贴士

糙米有提高人体免疫功能、促进血液循环、消除沮丧烦躁的情绪、降低血糖、预防心血管疾病等功效。

视觉享受：★★★★ 味觉享受：★★★★ 操作难度：★

五谷糙米糕

TIME 25分钟

菜品特点
营养丰富
易于消化

山药糕

TIME 20分钟

视觉享受：★★★★
味觉享受：★★★★
操作难度：★

菜品特点
花色美观
清香味甜

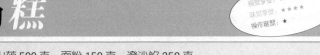

主料： 山药500克，面粉150克，澄沙馅250克
配料： 果丹皮适量

操作步骤

①面粉在屉布上蒸透，炒干，过筛；山药洗净，上屉蒸烂，晾凉，剥去外皮，碾压成泥，加50克熟面粉，揉成面团。

②取一小块山药面团，擀成长方形的块，再把澄沙馅擀成同样大小的块，放在山药面块上，再放一块同样大小的果丹皮，其余材料同样做法，然后上屉蒸熟即可。

操作要领

铺层厚薄要均匀，切块大小要一致。

营养贴士

此糕有补脾养胃、生津益肺、补肾涩精等功效。

视觉享受：★★★★ 味觉享受：★★★★ 操作难度：★★

啤酒苹果圈

TIME 30分钟

主料： 啤酒80克，苹果适量

配料： 生粉5克，泡打粉1克，盐水、面粉、醋、糖针、植物油各适量

操作步骤

①苹果洗净削皮，抠掉中间的核，切成圈（厚一点），将苹果圈放入盐水中浸泡3分钟。

②面粉中放入5克生粉、1克泡打粉、80克啤酒80克清水、两三滴醋搅拌均匀至浓稠，将苹果圈放入面糊中裹满。

③锅中放油，烧至五成热，放入裹满面糊的苹果圈，变成淡金黄色时捞起沥油，摆入盘中，撒上糖针即可。

操作要领

炸苹果时要用中小火。

营养贴士

啤酒具有消暑解热、帮助消化、开胃健脾、增进食欲等功效；苹果具有降低胆固醇、防癌抗癌、改善呼吸系统和肺功能、促进胃肠蠕动等功效。

主料： 糯米450克，大米50克

配料： 豆沙馅450克，红蜜樱桃400克

操作步骤

①将糯米、大米淘洗干净，浸泡24小时，洗净，加适量水磨成稀浆。

②将稀浆装入布袋内，吊干成为吊浆粉取出，加入150克凉水和匀，用手搓成条，摘成60个剂子。

③豆沙馅分成60个圆球，包入60个剂子内，入笼蒸熟，取出裹上红蜜樱桃，即成玛瑙团，装入盘内即可。

操作要领

入笼蒸时要用沸水旺火速蒸，趁热裹匀红蜜樱桃。

营养贴士

糯米富含B族维生素，能温暖脾胃、补益中气；大米味甘、性平，具有益精强志、和五脏、通血脉、聪耳明目、止烦、止渴、止泻的功效。

视觉享受：★★★★ 味觉享受：★★★★ 操作难度：★★

玛瑙团

TIME 30分钟

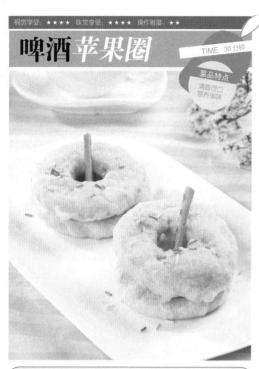

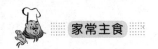

黄果冻

TIME 20分钟

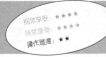

菜品特点
形色美观
甜嫩爽口

视觉享受：★★★★
味觉享受：★★★★
操作难度：★★

主料： 冻粉8克，橘瓣若干
配料： 白糖200克，蛋清液适量

操作步骤

①将冻粉洗净，浸泡10小时，放入适量清水，入笼蒸化。

②将少许白糖加入蒸化的冻粉内，然后将稀释的冻粉分别装入酒杯内，放上橘瓣，制成黄果冻坯，放入冰箱冷冻。

③白糖200克加入清水750克烧沸，倒入蛋清液，用勺搅动，撇去泡沫，放入冰箱中冷冻。

④冷冻好的果冻扣入盘内，再淋上冰凉了的糖水即成。

操作要领

蒸化的冻粉加糖水量的多少，以滴一滴在拇指甲盖上很快粘住不流为准。

营养贴士

鸡蛋味甘、性平，可补肺养血、滋阴润燥，用于气血不足、热病烦渴、胎动不安等。

视觉享受：★★★★ 味觉享受：★★★★★ 操作难度：★

水晶南瓜饼

TIME 25分钟

菜品特点
外形美观
香甜软糯

⊃ 主料： 南瓜1个，糯米面适量
⊃ 配料： 白糖、豆沙馅各适量

操作步骤

①南瓜切块，入锅蒸熟后捣成泥，加入白糖、糯米面搅拌匀，揉成团。

②将面团揪成若干剂子，包入豆沙馅，放进模具中压扁，倒出；上锅蒸熟即可。

操作要领 ◄◄◄

南瓜要用蒸的，不要用水煮，否则会有很多水，影响后续操作。

营养贴士

南瓜性温、味甘，具有润肺益气、化痰排脓、驱虫解毒、治咳止喘、疗肺痈与便秘、利尿、美容等功效。

⊃ 主料： 特粉、熟粉各适量
⊃ 配料： 麻油、瓜元、玫瑰、桃仁、川白糖、芝麻、樱桃、饴糖、小苏打各适量

操作步骤 ◄

①制皮：麻油平均分为2份，1份与特粉、川白糖和小苏打拌和，1份熬至150℃左右，与前一份掺和炒制，至烫手时加开水，边加边炒，炒至料熟皮嫩时起锅，待完全冷却后，按分量分皮。

②制心：各种果料和桃仁应先剁碎，颗粒约玉米粒大小；芝麻去皮炒熟，与川白糖、麻油、饴糖拌和均匀，按分量捏成心团。

③包心：皮心重量各半，包心后底部需垫薄纸。

④烘焙：炉温280℃左右，先烘焙2～3分钟后取出压扁，使其自然裂口，接着再烘1～2分钟即可。

操作要领 ◄◄◄

制皮过程中，加的开水量为糖、粉总量的20%左右。

营养贴士

桃仁有祛瘀血、抗炎、抗过敏等功效。

视觉享受：★★★★ 味觉享受：★★★★★ 操作难度：★

赖桃酥

TIME 40分钟

菜品特点
香甜酥松
甜而微咸

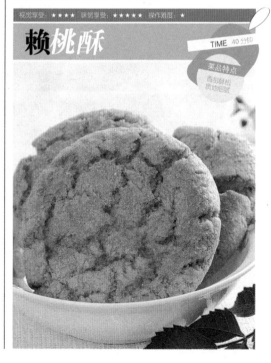

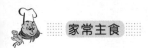

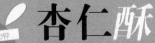

杏仁酥

TIME 30分钟

视觉享受：★★★★
味觉享受：★★★★★
操作难度：★★

菜品特点
口感酥脆
营养丰富

主料： 猪油50克，低粉100克，杏仁粉20克

配料： 泡打粉0.6克，小苏打1克，鸡蛋15克，白糖50克，杏仁片、蛋液各少许

操作步骤

①猪油室温下软化后加入白糖，用电动打蛋器打发，再分次加入鸡蛋打发。

②低粉、泡打粉、小苏打混合过筛，倒入打发好的猪油中，再倒入杏仁粉，揉成团，分成8份。

③在表面刷蛋液，沾杏仁片，放入预热180℃的烤箱中层烤18分钟左右即可。

操作要领

猪油软化至20℃最佳。

营养贴士

猪油具有改善血液循环、延缓衰老、抗氧化等功效；杏仁具有止咳平喘、润肠通便等功效。

视觉享受：★★★★ 味觉享受：★★★★★ 操作难度：★

香蕉煎饼

TIME 25分钟

菜品特点：外酥里嫩 营养丰富

主料： 面粉120克，香蕉适量

配料： 鸡蛋1个，白糖15克，精盐1克，植物油适量

操作步骤

①将面粉、鸡蛋、白糖、精盐、水按照用量混合调制成面糊，面糊不要调得太稀。

②香蕉去皮切片，在香蕉片表面拍上调制的面糊，放入油锅中，小火炸成金黄色捞出即可。

操作要领

吃的时候蘸沙拉酱，口味更佳。

营养贴士

香蕉不仅能供给人体丰富的营养和多种维生素，还可以使皮肤柔嫩光泽、眼睛明亮、精力充沛、延年益寿。

视觉享受：★★★★ 味觉享受：★★★★ 操作难度：★

香蕉泥

TIME 10分钟

菜品特点：酸甜可口 制作简单

主料： 香蕉70克

配料： 白砂糖10克，柠檬汁5克，圣女果1颗

操作步骤

①将香蕉洗净，剥去白丝，切成小块。

②放入搅拌机中，加入白砂糖，滴几滴柠檬汁，搅成均匀的香蕉泥，倒入小碗内，点缀一颗圣女果即可。

操作要领

要选用熟透的香蕉，洗干净；生香蕉有涩味，不能给婴儿喂食。

营养贴士

香蕉泥含有丰富的碳水化合物、蛋白质，还有丰富的钾、钙、磷、铁及维生素A原，维生素B_1和C等，具有润肠、通便的作用，对便秘的婴儿有辅助治疗作用。

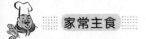

蜂窝玉米烙

视觉享受：★★★★
味觉享受：★★★★
操作难度：★★

TIME 20分钟

菜品特点
色泽金黄
入口松脆

主料： 罐装玉米粒1/2罐，玉米淀粉200克，吉士粉10克

配料： 柠檬汁15克，鸡蛋1个，色拉油300克，糖针适量

操作步骤

①将鸡蛋打散，加入玉米淀粉、吉士粉、柠檬汁、清水搅拌均匀，放入控干水分的玉米粒拌匀，混合均匀成玉米面糊。

②锅置火上，倒入色拉油，烧至八成热时，沿锅边画圈式倒入玉米面糊，缓缓地一层一层倒入。

③小火煎炸约2分钟，玉米烙形成蜂窝状，转大火继续煎炸，直至玉米烙呈金黄色并且硬硬的，捞出控油盛盘，撒上糖针即可。

操作要领

为了煎炸出有层次感的蜂窝状，一定要一点一点地倒面糊，以画圈式的方法一层一层倒入油锅中。

营养贴士

玉米具有减肥、防癌抗癌、降血压、降血脂、增加记忆力、抗衰老等功效。

视觉享受：★★★★ 味觉享受：★★★★★ 操作难度：★

八宝油糕

TIME 60分钟

菜品特点 外酥内软 芳香绵糯

主料： 鸡蛋、面粉、川白糖、蜂蜜各适量

配料： 花生油、蜜瓜片、桃仁、鲜玫瑰泥各适量

操作步骤

①将鸡蛋打入钵内，用手将蛋黄挤烂，再将川白糖、花生油、面粉、蜂蜜、鲜玫瑰泥投入钵内拌合均匀。

②将专用铜皮糕盒洗净、烘干，排入专用平锅中，并擦抹少量油。再将钵内拌好的坯料用调羹舀入盒内，其分量为糕盒体积的1/2。然后撒上少许混合的碎桃仁、蜜瓜片。

③放入拗炉烘烤至糕体膨胀，糕面呈谷黄色时即可。

操作要领

用拗炉烘烤时，底火应略大于盖火

营养贴士

此糕点能量高，含有大量蛋白质、脂肪和碳水化合物，老少皆宜。

主料： 鲜玉米200克，胡萝卜10克

配料： 食用油10克，白糖30克，生粉15克

操作步骤

①胡萝卜洗净切丁；鲜玉米剥粒，洗好，沥干水分。

②把鲜玉米、胡萝卜丁放进碗里，加入生粉、白糖拌一下，使玉米和胡萝卜丁上都挂上生粉。

③将挂满生粉的玉米和胡萝卜丁放入锅中，加适量的食用油摊平，煎至变成金黄色，取出切块，撒上白糖即可。

操作要领

煎的时候可用中火，火太大会造成玉米外焦里不熟。

营养贴士

玉米具有减肥、防癌抗癌、降血压、降血脂、增加记忆力、抗衰老等功效。

视觉享受：★★★★ 味觉享受：★★★★★ 操作难度：★

玉米烙

TIME 15分钟

菜品特点 酥脆爽口 简单易做

果酱白蜂糕

TIME 50分钟

菜品特点
形色美观
细嫩香甜

视觉享受：★★★★
味觉享受：★★★★
操作难度：★★

主料： 籼米 500 克

配料： 酵面浆 150 克，蜂蜜 200 克，白糖 100 克，红枣 12 颗，猪板油 50 克，白芝麻、红绿丝各少许，果酱、小苏打粉各适量

操作步骤

①将籼米洗净，用清水浸泡，磨前再洗净，加适量清水，磨成米浆，加入酵面浆，发酵后加入白糖、蜂蜜，最后加入适量的小苏打粉和匀成米浆。

②红枣洗净去核，切成片；猪板油切细丁，在开水锅中烫好，凉后拌入白糖。

③笼内放入一块木板，隔一大一小两部分，在大的一边垫上细纱布，倒入一半米浆，蒸约 20 分钟，取出，抹上一层果酱，再将余下的一半米浆倒在糕上，在米浆上均匀地放上红枣、红绿丝，撒上猪油丁、白芝麻，入笼蒸约 20 分钟，熟后翻出，撕去底布，翻面即成。

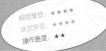

操作要领

蒸制时用沸水旺火速蒸。

营养贴士

籼米有补中益气、健脾养胃、益精强志、和五脏、通血脉、聪耳明目、止烦、止渴、止泻的功效。

视觉享受：★★★★ 味觉享受：★★★★★ 操作难度：★

脆皮芦荟

TIME 20分钟

主料： 鲜芦荟适量

配料： 蛋浆、糯米纸、植物油、炼乳各适量

操作步骤

①将鲜芦荟切条用糯米纸包好，裹上蛋浆。

②锅中加植物油烧至四成热，下芦荟炸至断生捞起，将植物油烧至六成热，投入芦荟复炸至表皮酥脆色黄，起锅装盘，配炼乳吃即可。

操作要领

根据个人喜好，糯米纸外也可以不裹蛋浆。

营养贴士

脆皮芦荟口感独特，营养丰富，具有美容保健的功效。

主料： 精面粉适量

配料： 绵白糖、桂花糖、五香粉、菜籽油各适量

操作步骤

①将绵白糖、桂花糖用125克清水拌匀，再放入精面粉，然后揉和成团，即成馅料。

②精面粉加清水800克拌和揉透，擀成面皮，刷一层菜籽油，均匀地撒上五香粉；面皮由外向内卷成圆筒，搓成圆条，揪成剂子，逐个按扁，每个包入少许馅料，捏拢收紧口，封口朝下，压成饼状，放入簸箕内。

③烤炉瓦缸烧至六成热，在饼面掸上一层水，将掸水的一面贴在缸壁上，烤至饼面色泽金黄即可。

操作要领

烤制时要用小火，烤至饼面起泡时，要用细铁丝插入泡内排气。

营养贴士

白糖有润肺生津、止咳、和中益肺、舒缓肝气、滋阴、调味、除口臭、疗疮去酒毒、解盐卤毒的功效。

视觉享受：★★★★★ 味觉享受：★★★★★ 操作难度：★★

白糖小烧饼

TIME 40分钟

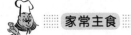

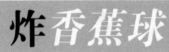

炸香蕉球

TIME 35分钟

视觉享受：★★★★
味觉享受：★★★★
操作难度：★

菜品特点
香甜爽口
制作简便

主料： 面粉、面包糠各50克，香蕉100克

配料： 精盐1克，糖3克，橄榄油20克，蛋清适量

操作步骤

①香蕉剥皮，捣成泥，加精盐、糖搅拌均匀后，捏成球形。

②碗中加蛋清，加面粉、水调成蛋浆，把准备好的香蕉球在碗中裹一层蛋浆，再挂上一层面包糠。

③煎盘中放入橄榄油烧热，放入香蕉煎熟即可。

操作要领

香蕉要选择熟透的，这样做出的口感更好。

营养贴士

香蕉可生津止渴、润肺滑肠，适合温热病、口烦渴、大便秘结、痔疮出血者经常食用。

视觉享受：★★★★ 味觉享受：★★★★ 操作难度：★

果仁红苕泥

TIME 20分钟

菜品特点：口感软嫩 制作简便

主料： 红苕100克

配料： 白糖200克，猪油200克，果仁碎适量

操作步骤

①红苕洗净、去皮，上笼蒸烂，取出压成泥，裹上果仁碎。

②锅内下油烧热，放入苕泥，翻炒至水汽将干时，再加油继续炒至苕泥呈鱼子状时，加入白糖快速炒匀即成。

操作要领

一定要在苕泥翻炒至水分将干时，再加油翻炒。

营养贴士

红苕具有补中和血、益气生津、宽肠胃、通便秘等功效。

主料： 澄粉40克，糯米粉200克，红豆沙200克

配料： 细砂糖50克，白油20克，白芝麻、植物油、面包糠各适量

操作步骤

①澄粉加热开水搅拌成团状；糯米粉加细砂糖加冷开水搅拌成团。

②把两个粉团搓揉至融合，加入白油用手搓揉至表面光亮即可为皮，把皮分割成若干个，将皮搓圆压扁包入红豆沙，再搓圆，均匀裹上白芝麻和面包糠。

③锅放植物油烧热，至155℃时，放入芝麻团，开小火炸至金黄色，浮起捞出即可。

操作要领

澄粉加的水一定要热，不然无法成团。

营养贴士

红豆沙富含碳水化合物，具有利尿消肿、降脂减肥、催乳等功效。

视觉享受：★★★★ 味觉享受：★★★★★ 操作难度：★★

芝麻团

TIME 40分钟

菜品特点：金黄酥脆 制作简便

碱水粽子

TIME 3小时

视觉享受：★★★★
味觉享受：★★★★★
操作难度：★★

菜品特点
软糯可口
营养丰富

主料： 糯米4000克，碱水1000克
配料： 干粽叶400克，粽绳适量

操作步骤

①糯米洗净用水浸泡60分钟，取出冲水，沥干后加入碱水；干粽叶提前2天用水浸泡，洗净备用；粽绳洗净备用。

②放适量的粽叶在手上，用勺子舀入适量用碱水浸泡好的糯米，从旁边往里面折起，然后两头再对折起来，用粽绳扎紧。

③包好后，沿高压锅底部竖着摆放满，加满水，大火煮至沸腾，改小火煮3小时左右即可。

操作要领

碱水粽子熬的时间越长越好吃。

营养贴士

此粽子具有补虚、补血、健脾暖胃、止汗、缓解脾胃虚寒、缓解尿频症状等功效。

视觉享受：★★★★ 味觉享受：★★★★★ 操作难度：★

糯米卷

TIME 40分钟

菜品特点：软糯可口 营养丰富

主料： 糯米250克，面粉500克，花生米100克

配料： 干香菇20克，花生油、酱油、糖、精盐各适量

操作步骤

①将花生米浸泡几小时；干香菇泡发；花生米与糯米加水煮成饭，趁煮糯米饭的时间揉面，揉好的面团放一边发酵，面团发至1.5或2倍大时，加入少量面粉继续揉，把面团中的空气揉走。

②香菇切成丁，和花生油、酱油、精盐、糖一起拌匀，再拌入糯米饭中，把面团用擀面杖擀平成长方块，放上糯米饭包成长条。

③糯米长条醒20分钟后冷水上锅蒸15钟，熄火5分钟再开盖；将蒸好的糯米长条切成一个个的小卷即可。

操作要领

根据个人喜好，可以在馅料中加入适量的肉。

营养贴士

糯米卷中的糯米性温，能养胃益气，适合脾胃虚寒的人群食用。

主料： 豆粉50克，面粉7.5克

配料： 猪板油250克，玫瑰、蜜樱桃各25克，白糖300克，菜油500克（耗75克），鸡蛋清适量，食用红色素少许

操作步骤

①将猪板油去筋、去膜皮，用刀背捶成茸；蜜樱桃切细丝，加白糖、玫瑰和猪油茸拌成馅儿，拌好后分成若干份；鸡蛋清打成蛋泡，将面粉、豆粉碾细过筛，慢慢加到蛋泡内拌匀。

②锅置火上，放入菜油，旺火烧至五成热，用筷子拈起甜馅，在蛋泡内裹好，一个一个放入油锅内，边炸边用勺子翻动，炸至外面酥脆、里面糖溶化，即用勺子捞起上盘。

③将白糖100克用食用红色素兑成胭脂糖，撒在炸后的水晶球上面即可。

操作要领

用勺子翻动的目的是保持原状，等火大时可将锅移开。

营养贴士

鸡蛋具有补肺养血、滋阴润燥等功效。

视觉享受：★★★★ 味觉享受：★★★★ 操作难度：★★

水晶球

TIME 30分钟

菜品特点：形状似球 酥脆香甜

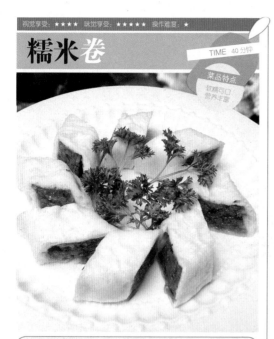

山药扁豆糕

TIME 60分钟

视觉享受：★★★★
味觉享受：★★★★
操作难度：★★

菜品特点
香味纯清
质地软糯

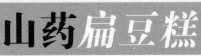

主料： 新鲜山药500克，白扁豆100克

配料： 糯米粉150克，荸荠粉100克，白砂糖300克，红枣若干，色拉油少许

操作步骤

①山药洗净上笼蒸熟，取出去皮，研成泥状待用；白扁豆洗净放入碗中，加水蒸熟，取出研末待用。

②把糯米粉、荸荠粉加入适量的白砂糖调匀，再和山药泥、扁豆末一起倒入刷过油的盘内，表面放上适量的红枣。

③用旺火蒸30分钟取出，待稍冷后切成菱形状即成。

操作要领

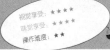

红枣密点放也行。

营养贴士

此糕具有止泻、健脾、补肺、安神、补脾胃、补中益气、健脾止泻、解毒等功效。

视觉享受：★★★★ 味觉享受：★★★★ 操作难度：★

麻香紫薯球

TIME 15分钟

菜品特点：简单易做 老少皆宜

主料： 紫薯2个

配料： 熟白芝麻适量

操作步骤

①紫薯洗净，去皮，切片，放入蒸锅内蒸至熟软，取出，用勺子碾压成泥。

②将紫薯泥团成小球，把紫薯球逐一裹满熟白芝麻即可。

操作要领

薯球表面先沾一层清水再滚芝麻，会让芝麻附着更牢。

营养贴士

紫薯具有防癌抗癌、促进胃肠蠕动、减肥瘦身、增强免疫力等功效。

主料： 特制豆泥（用红豆、芸豆和豌豆一起打的泥）、绿豆各1000克，乌梅125克

配料： 白砂糖250克

操作步骤

①将绿豆用沸水浸泡2小时，放在淘箩里擦去外皮，用清水将皮漂去，将绿豆放在钵内，加清水上笼蒸约3小时，熟透后取出，沥干水分，捣成绿豆沙；将乌梅用沸水浸泡4分钟左右，取出切成小丁或小片。

②将制糕木蒸框放在案板上，衬1张白纸，把木框按在白纸上，先放上一半绿豆沙铺均匀，撒上乌梅，中间铺一层豆泥，再将其余的绿豆沙铺上按结实，最后把250克白砂糖均匀地撒在表面，切成方块即可。

操作要领

铺豆沙、乌梅时要厚薄均匀。

营养贴士

乌梅具有抗氧化、清血、增加能量、保护消化系统等功效。

视觉享受：★★★★ 味觉享受：★★★★ 操作难度：★

乌梅糕

TIME 20分钟

菜品特点：味道酸甜 入口酥化

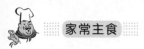

小豆凉糕

视觉享受：★★★★
味觉享受：★★★★
操作难度：★

TIME 50分钟

菜品特点
制作简单
冰凉清甜

主料： 红小豆250克
配料： 琼脂10克，红糖适量

操作步骤

①红小豆浸泡1天，多加些水煮至软烂，加入红糖，将煮熟的红小豆捞出过筛并碾成泥，红豆汤留着待用；琼脂泡软。

②将红豆汤倒入红豆泥搅拌均匀，上火煮，同时放入泡软的琼脂，待琼脂煮化，搅拌均匀即可离火，加入红糖调味，稍晾凉后装入容器，放冰箱冷藏至凝固，切块即可食用。

操作要领

一般做豆类的甜品，豆子和琼脂的比例是100:1，但还要看水量的多少再增减。

营养贴士

红豆具有清热解毒、健脾益胃、利尿消肿、通气除烦、补血生乳等多种功效。

视觉享受：★★★★　味觉享受：★★★★　操作难度：★★

龙头酥

TIME 30分钟

菜品特点：松泡酥脆，色泽金黄

主料： 面粉500克

配料： 白糖100克，鸡蛋3个，苏打粉5克，菜籽油适量

操作步骤

①将鸡蛋磕入盆内搅散，加入白糖、苏打粉和150克清水，再倒入面粉和匀揉成光滑的面团，搓成条，擀成约1厘米厚的面皮，用刀切成约14厘米长、4厘米宽的小片，小片对折，在折口处用刀按5毫米的距离均匀地切3条长0.3厘米的口子，再将皮子打开，将一端从中间切口处翻花扯伸，用手心略压，即成龙头酥坯。

②锅内加菜籽油，烧至六成热时，将龙头酥坯5个一批入锅翻炸，炸至两面金黄色时，捞出沥去油即成。

操作要领

油炸时油温不宜过高，以免外焦里不熟。

营养贴士

面粉富含蛋白质、碳水化合物、维生素和钙、铁、磷、钾、镁等矿物质，有养心益肾、健脾厚肠、除热止渴的功效。

主料： 糯米500克，葡萄干适量

配料： 绵白糖150克

操作步骤

①将糯米淘洗干净，用清水浸泡4～8小时，取出冲净，沥去水分，与葡萄干混合均匀。

②入甑用旺火蒸60分钟左右，取出倒入盆内，加入绵白糖拌匀，放入模具压平，取出，放凉后切块即可。

操作要领

可以根据个人喜好，放入葵花子等其他的东西。

营养贴士

糯米富含B族维生素，能温暖脾胃、补中益气，对脾胃虚寒、食欲不佳、腹胀腹泻有一定缓解作用。

视觉享受：★★★★　味觉享受：★★★★　操作难度：★

糯米糕

TIME 60分钟

菜品特点：香甜软糯，简单易做

南瓜饼

TIME 30 分钟

视觉享受：★★★★
味觉享受：★★★★
操作难度：★

菜品特点
色泽金黄
味道香甜

主料： 南瓜 600 克，大米 300 克

配料： 油 300 克，糖 200 克，淀粉 50 克

操作步骤

①大米淘洗干净，用清水浸泡；南瓜去皮切块，放到锅中蒸软后，取出捣成南瓜泥，放碗里，加入泡好的大米，搅拌均匀，放到锅中蒸至大米熟透。

②将蒸发的南瓜饭放到模具中压平，取出，切块。

③蛋清加鸡蛋、淀粉搅拌成糊，把切块的南瓜饭放到糊里滚一圈后，放入热油锅里炸至去皮酥脆即可。

操作要领

蒸南瓜饭时，大米不用放太多。

营养贴士

南瓜具有补中益气、降血脂、降血糖、清热解毒、保护胃黏膜、帮助消化等功效。

视觉享受：★★★★ 味觉享受：★★★★★ 操作难度：★

钵钵糕

TIME 20分钟

菜品特点

松软香甜
制作简便

主料： 大米500克

配料： 绵白糖100克，食碱1克，茶籽油1500克（约耗150克）

操作步骤

①将大米淘洗干净，用清水浸泡4～8小时，取出沥去水分，加清水磨成细滑的浆，盛入盆内，放入绵白糖、食碱搅拌均匀。

②平底锅置小火上，烧热后用竹刷蘸茶籽油擦锅底（每次耗油约15克），用铁瓢逐次舀米浆（分10次舀完）倒入，煎至两面均为黄色，熟透即成。

操作要领

油煎时受热要均匀，不宜用旺火，要勤翻动。

营养贴士

大米具有补中益气、健脾和胃、滋阴润肺、除烦渴的功效。

主料： 黄米糕320克

配料： 油适量

操作步骤

①将黄米糕切成薄片。

②热锅放油，油热后放入切好的黄米糕片，煎至两面金黄，取出装盘即可。

操作要领

黄米糕切之前最好冻一下，这样比较好切。

营养贴士

黄米富含蛋白质、碳水化合物、B族维生素、维生素E、锌、铜、锰等营养元素，具有益阴、利肺、利大肠等功效。

视觉享受：★★★★ 味觉享受：★★★★ 操作难度：★

煎黄米糕

TIME 15分钟

菜品特点

色泽金黄
制作简单

拌糖饺

TIME 40分钟

视觉享受：★★★★★
味觉享受：★★★★★
操作难度：★★

菜品特点
松泡柔软
筋韧香甜

主料： 糯米1250克
配料： 白糖250克，菜籽油1500克

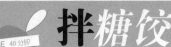

操作步骤

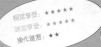

①将糯米淘洗干净，用清水浸泡4小时，取出冲净，加水磨成细浆，灌入布袋，挤干水分，取出盛入盆内。

②把部分粉浆捏成小团，放沸水锅内煮熟，捞出沥去水，倒入未煮过的粉浆内揉匀。

③把和好的粉团搓成条，揪成若干剂子，再逐个搓成鸭蛋形，稍按扁，双手捏住两端，扭成“S”形。

④锅内加菜籽油，烧至七成热时，锅离火，顺锅边放入饺子，炸至浮起时，再上火翻炸至米黄色，捞出沥去油，把白糖盛入盆内，趁热放入饺子，使其挂上白糖即成。

操作要领

油炸时火不宜太旺，以免外焦里不熟。

营养贴士

糯米味甘、性温，入脾、胃、肺经，具有补中益气、健脾养胃、止虚汗的功效。

视觉享受：★★★★ 味觉享受：★★★★ 操作难度：★

玉米饼

TIME 30分钟

菜品特点：酥脆软香 营养健康

主料： 玉米粉160克，面粉80克

配料： 泡打粉、鲜玉米粒、植物油、白糖各适量

操作步骤

①玉米粉、泡打粉、面粉、鲜玉米粒、白糖放入容器中混合，加入适量的清水和成面团醒15分钟。

②醒好的面团揉匀，搓成长条，切成若干剂子，取一个剂子用手搓圆，压成一个小饼，剩下的也依次压好。

③电饼铛放入植物油，放入玉米饼，烙至两面金黄即可。

操作要领

放点泡打粉，玉米饼吃着更松软。

营养贴士

玉米中的天然维生素E有促进细胞分裂、延缓衰老、防止皮肤病变的功能，还能减轻动脉硬化和脑功能衰退。

主料： 芋头500克，糯米粉200克

配料： 植物油、白糖各适量

操作步骤

①芋头去皮洗净，切成细条状待用。

②糯米粉加温水、白糖搅拌至用筷子挑起像浆糊一样，把切好的芋头丝倒入米糊里搅拌均匀。

③把少许植物油倒在不锈钢盘子里抹匀，把拌好的芋头丝米糊倒入铺平，水烧开，上蒸汽后，盖上锅盖，大火蒸20分钟，用筷子扎一下，没有带出米浆，即熟；熄火后趁有余热，盖上盖再焖3分钟。

④将蒸好的芋头糕切片后，热油微炸上色。

操作要领

根据个人喜好，也可以不炸，直接把蒸好的芋头糕晾凉切片食用。

营养贴士

芋头具有益胃、宽肠、通便散结、补中益肝肾、添精益髓等功效。

视觉享受：★★★★ 味觉享受：★★★★ 操作难度：★★

芋头糕

TIME 35分钟

菜品特点：口感细腻 营养美味

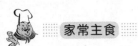

洋芋饼

视觉享受：★★★★
味觉享受：★★★★
操作难度：★★

TIME 60分钟

菜品特点
清香爽口
健康美味

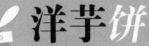

主料：洋芋泥120克，胡萝卜碎50克，鸡蛋1个

配料：面包糠20克，白糖5克，植物油、番茄酱各适量

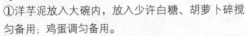

操作步骤

①洋芋泥放入大碗内，放入少许白糖、胡萝卜碎搅匀备用；鸡蛋调匀备用。

②洋芋泥捏成块状，放入鸡蛋液中裹匀蛋液，再裹匀面包糠。

③取锅放入少量植物油，大火烧至八成热，转小火放入洋芋饼煎炸，炸至金黄色，取出，抹上番茄酱即可。

操作要领

煎炸时一定要用小火。

营养贴士

洋芋具有补气、健脾、消炎等功效。